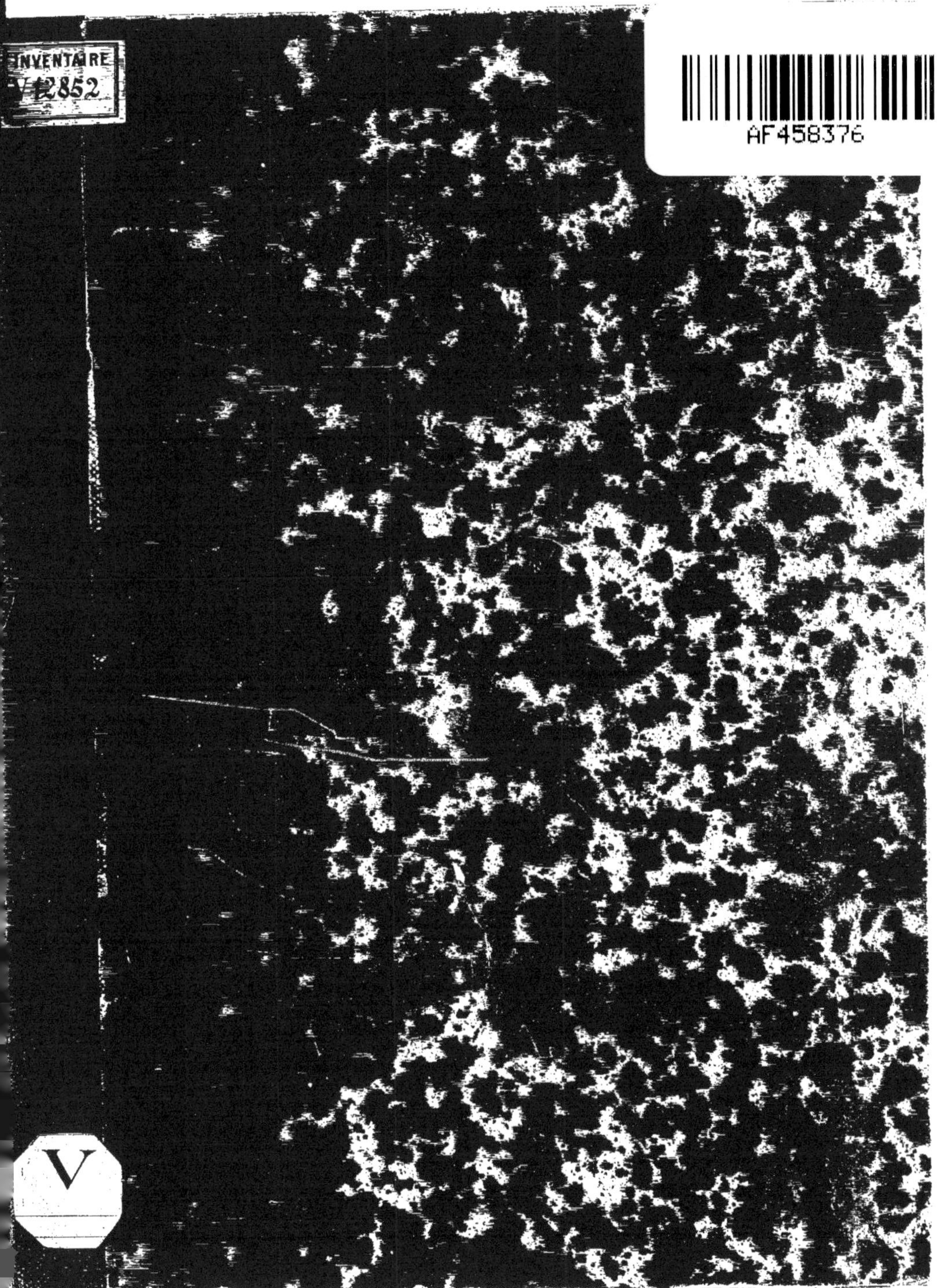

ERREURS

DE

M. PRUNELLE

CONTENUES DANS LE RAPPORT

QU'IL A PRÉSENTÉ AU CONSEIL MUNICIPAL DE LYON,

dans sa séance du 4 mai 1846,

SUR LES DIVERS PROJETS

DE

DISTRIBUTION D'EAUX

DANS L'INTERIEUR DE LA VILLE,

ET

RÉFUTÉES PAR LES FAITS.

LYON.

IMPRIMERIE DE DUMOULIN ET RONET, IMPRIMEURS-LIBRAIRES,

Quai Saint-Antoine, 33.

1846.

LYON. — IMPRIMERIE DE DUMOULIN ET RONET,
QUAI SAINT-ANTOINE, 33

AVANT-PROPOS.

Ce qu'on va lire n'a point été écrit pour faire la critique d'un système ou l'apologie d'un autre, encore moins la censure d'une délibération municipale ; c'est uniquement la réfutation d'innombrables et d'incroyables erreurs, contenues dans le rapport présenté, le 4 mai 1846, par M. Prunelle au Conseil de la ville de Lyon, et réimprimé ci-après.

Erreurs de mots, erreurs de faits, erreurs de chiffres, erreurs plaisantes, erreurs sérieuses, erreurs monstrueuses! il y en a de toutes les sortes, il y en a sur tous les points ; et l'assemblage en est tel, qu'il constitue quelque chose d'inouï, quelque chose d'absolument unique dans les annales des corps municipaux du royaume.

S'il en est ainsi, dira-t-on, pourquoi avoir attendu cinq ou six mois pour faire cette publication ? — Parce que M. Prunelle, conseiller municipal de Lyon, étant retenu par l'exercice de sa profession à Vichy, ses amis auraient dit : « Vous attaquez un absent qui ne peut se défendre. » — Il le peut maintenant.

La rectification de ses assertions erronées et de ses faux calculs ayant lieu simplement par des faits vrais et des chiffres exacts, elle n'avait pas besoin d'être signée ; car la vérité peut se passer de noms propres, qui ne sauraient, quels qu'ils soient, ajouter à sa force. Toutefois, il se fût certainement trouvé quelqu'un pour dire : « Voyez : M. Prunelle qui a parlé publiquement est attaqué par des gens cachés sous le voile de l'anonyme. » — On n'aura pas ce prétexte.

Mais qui êtes-vous, diront quelques partisans quand même d'un homme pris en flagrant délit des plus graves erreurs, qui êtes-vous, pour oser faire un acte si hardi? — Personnellement rien, moins que rien même, au moins momentanément. Mais je suis beaucoup par la vérité que je rétablis, par le principe de liberté que je défends, par l'intérêt public que je sers, par l'opinion des corps savants qui m'appuie, par la sympathie d'esprits élevés qui m'encourage, par une sorte de vocation enfin qui m'inspire la foi, qui me donne la force. Et, comme la raison finira par avoir raison, n'importe l'époque, dans dix ans, si ce n'est pas tout de suite, dans vingt ans, si ce n'est dans dix, — lorsque depuis un certain temps, couleront à perpétuité dans Lyon de bienfaisantes eaux, naturellement claires, naturellement fraîches et invariables dans leurs qualités, la population satisfaite, se reportant à un demi siècle en arrière, et tenant compte d'efforts qui seront alors appréciés, accordera peut-être un souvenir à mon nom, tandis que celui de quelques hommes passionnés, qui rendent maintenant ces efforts nécessaires, sera pour le moins oublié.

LOUIS BONAND.

RAPPORT DE M. PRUNELLE

SUR LES DIVERS PROJETS

DE DISTRIBUTION D'EAU

ET RÉFUTATION

des erreurs qu'il renferme.

Après avoir consacré 4 à 5 pages à un exposé administratif qui, malgré sa brièveté, n'est exempt ni d'inexactitudes, ni d'erreurs, M. Prunelle entre en matière.

Nous avons examiné les eaux sous les six points de vue suivants : 1° composition ; 2° limpidité ; 3° température ; 4° distribution ; 5° quantité ; 6° exécution des travaux.

1° Composition.

LES PRINCIPES CONSTITUANTS DE L'EAU NE VARIENT NI DANS LEUR NATURE, NI DANS LEURS PROPORTIONS (1); l'eau est loin cependant d'être la même constamment ; presque toujours elle est modifiée par la présence des corps étrangers avec lesquels elle s'est trouvée en contact, et sur lesquels aussi elle a exercé l'action dissolvante qui la caractérise. Ces corps étrangers se retrouvent même quelquefois dans l'eau de pluie qui vient de se former dans l'atmosphère, quel que soit le mode de cette formation. Néanmoins, l'eau de pluie est l'eau la plus pure qui se rencontre dans la nature; car elle n'a pu exercer son action que sur l'air atmosphérique et sur le petit nombre de principes solubles qui y existent. Mais, du moment qu'elle a touché la terre, l'eau de pluie se charge de substances étrangères qui font VARIER SA CONSTITUTION (2) d'une manière presque indéfinie. On peut néanmoins ramener ces diffé-

(1) La négation de cette invariabilité, se trouve 9 lignes plus loin.

(2) Non sa *constitution* (Voyez la première ligne de ce §.) — Si la variation dont il est ici question est vraie, l'invariabilité dont il est question auparavant n'existerait pas, serait fausse. Mais c'est celle-ci qui est vraie. — M. Prunelle confond la *constitution atomique* de l'eau avec ce qu'on est convenu, ou ce qu'on a l'habitude d'appeler sa *composition chimique*, déterminée par les substances diverses qui s'y trouvent dissoutes.

rences aux états suivants : 1° eaux de pluie ; 2° eaux de sources ; 3° eaux courantes ; 4° eaux dormantes.

1° Les sources se forment par la filtration des eaux de pluie au travers des terrains divers dont se compose la croûte du globe ; l'eau de pluie, en traversant ces terrains, leur emprunte presque toujours quelques-uns des principes dont ils se composent, et qui, le plus souvent, sont peu solubles dans l'eau pure ; ce n'est que lorsque cette dernière est tombée sur un sol bien cultivé, lorsqu'elle est arrivée à une certaine profondeur, lorsqu'elle a passé dans des TERRAINS VOLCANIQUES (3), qu'elle se trouve chargée d'une quantité de gaz acide carbonique si grande, que CE GAZ PEUT REMPLACER UNE PORTION DE L'AIR ATMOSPHÉRIQUE (4) que l'eau de pluie tenait en dissolution. C'est là un premier changement dans la CONSTITUTION DE L'EAU (5), changement qui en décide bien d'autres. Saturée ainsi, ou plutôt sursaturée de gaz acide carbonique, l'eau dissout la plupart des sels qu'elle rencontre dans son trajet, et perd ainsi, peu à peu, sa CONSTITUTION (6) initiale. Il suit de là que l'eau de sources, qui, hors de circonstances assez rares, tient toujours en dissolution une plus ou moins grande quantité de sels différents, ne peut pas être employée aux mêmes usages que l'eau de pluie qui aurait été assez soigneusement recueillie pour avoir conservé SA PURETÉ (8).

2° Les rivières, à leur tour, se forment tant avec les eaux de pluie qui ont coulé à la surface du sol sans le pénétrer, qu'avec les eaux de pluie qui ont filtré tout

---

(3) Est-ce qu'il est besoin que l'eau passe dans des terrains volcaniques pour se charger de beaucoup de gaz acide carbonique ? Est-ce qu'il y a, par exemple, des volcans sur le plateau de la Dombe, dont les eaux souterraines sont si riches de ce gaz ?

(4) La nature respective du gaz acide carbonique et de l'air atmosphérique ne se prête point à ce que l'un d'eux soit ainsi *remplacé* par l'autre. — Comment M. Prunelle peut-il ignorer cela ?

(5) Erreur encore, il ne peut pas y avoir de changement dans la *constitution* de l'eau.

(6) Erreur toujours ; lisez *composition*..

(7) Mais cette dernière, ainsi recueillie, malgré sa pureté, ou plutôt à cause de sa pureté absolue, serait loin de valoir, pour *l'usage hygiénique*, une bonne eau de source, puisque, parmi les eaux potables réputées et reconnues les meilleures, *il n'en est pas une* qui soit pure de substances salines.

au travers pour former les sources. Les eaux de rivières se trouvent donc chargées à la fois des matières minérales, végétales et animales que l'eau de pluie a ramassées à la surface du sol sans les dissoudre, et des sels que les eaux de sources apportent de l'intérieur de ce même sol. Les eaux des rivières seraient donc essentiellement impures, si le courant d'air qui baigne leur surface ne leur rendait continuellement CELUI QUE L'EAU DES SOURCES AVAIT PERDU (8); si le gaz acide carbonique qui tenait en dissolution, dans ces mêmes sources, une plus ou moins grande quantité de sels, CÉDANT SA PLACE A L'AIR ATMOSPHÉRIQUE (9), ne décidait, par son évaporation, la précipitation de ces sels; si, enfin, le mouvement rapide imprimé aux eaux des rivières ne tendait à produire, d'une manière incessante, une dépuration telle, que LES EAUX DE LA SEINE, par exemple, après avoir reçu toutes les immondices de Paris, SONT CHIMIQUEMENT AUSSI PURES A CHAILLOT QU'ELLES ONT PU L'ÊTRE

---

(8) Eh quoi! l'eau de ces sources qui vient se jeter dans le lit d'une rivière, s'y jette-t-elle immédiatement en sortant de terre? N'a-t-elle pas, au contraire, couru, au contact de l'air extérieur, sur des espaces plus ou moins prolongés? Et quand elle y arrive, après un trajet de plusieurs kilomètres, de plusieurs myriamètres même, étendue en nappes ou divisée en filets, n'est-elle pas, autant que possible, saturée d'air? L'assertion contenue dans le passage dont il est ici question, n'aurait donc, dans tous les cas, aucun fondement. — Mais qui peut autoriser M. Prunelle à dire que, dans les circonstances auxquelles il fait allusion, l'eau des sources a perdu une partie de l'air atmosphérique qu'elle contenait? Des expériences directes ne conduisent-elles pas à reconnaître le contraire? Des analyses qu'il ne peut ignorer, puisqu'il en parle plus loin, n'ont-elles pas établi que des eaux de source, recueillies à leur point d'émergence du sol aux environs de Lyon et dans Lyon, contenaient autant d'air atmosphérique que des eaux du Rhône ou des eaux de la Saône, prises dans le courant de ces rivières?

(9) Cette cession de place du gaz acide carbonique à l'air atmosphérique dans de l'eau ordinaire, cette espèce d'*ôte-toi de là que je m'y mette*, est une des plus singulières imaginations de M. Prunelle, qui présente là, avec assurance, un énoncé dont l'immanquable effet est de montrer combien il possède peu de notions de physique et de chimie.

A CHARENTON (11). Après les grandes pluies et à la fonte des neiges, les matières minérales qu'entraînent ces eaux les rendent troubles, bourbeuses, impropres dans cet état aux usages que nous aurions à leur donner.

3° Lorsque les eaux de pluie, les eaux de sources, les eaux de rivières sont arrêtées dans leur cours à l'état d'eaux dormantes, elles forment des mares, des étangs ou des lacs. Ces eaux ne tardent pas ainsi à perdre une portion notable de l'air atmosphérique qu'elles contenaient ; cet air passe dans les combinaisons nouvelles qui résultent de la décomposition des matières animales et végétales que les eaux courantes ont entraînées, et dont les eaux dormantes ne peuvent pas se débarrasser à la manière des rivières. Ces matières, ainsi décomposées, se dissolvent dans l'eau, ou se précipitent dans la vase qui sert de lit aux eaux dormantes, et qui devient ainsi pour elles un foyer toujours actif d'infection.

On a rangé quelquefois les eaux de puits parmi les eaux dormantes ; il y a, en effet, des puits à eau stagnante qui ne sont que des mares profondes. Les puits à eau courante, et c'est le plus grand nombre, ne sont, à proprement parler, que des sources qui ne viennent pas émerger à la surface de la terre. Dans ces sources artificielles, LES EAUX, N'ÉTANT POINT EN GÉNÉRAL SATURÉES D'UNE ASSEZ GRANDE QUANTIT D'AIR, ONT TOUTES LES QUALITÉS DES EAUX CRUES (11) ; l'acide carbonique qu'elles contiennent en excès, y retient en dissolution beaucoup de sels terreux.

Les puits qui sont formés par de larges et abondantes nappes d'eau courante font souvent exception à cette règle : ce cas est celui de beaucoup de puits de la plaine de Lyon.

Quand l'eau passe de l'état de vapeurs, ou de l'état de liquide à l'état solide, c'est-à-dire à l'état de neige ou de glace, elle laisse échapper et l'air atmosphérique et les sels dont elle était saturée. L'eau qui provient de la fonte des neiges ou des

---

(10) Voilà encore un fait entièrement controuvé. Est-ce que, dans sa position officielle, comme rapporteur, M. Prunelle n'aurait pas dû faire des recherches pour s'assurer de la réalité de ce fait, au lieu de l'alléguer ainsi sans preuve, et sans autre garantie peut-être que celle d'un propos en l'air du premier venu. Eh bien, c'est le contraire qui est vrai; et il a été constaté que l'eau de la Seine, en aval de Paris, contenait entre autres matières plus ou moins nuisibles ou dégoûtantes, du carbonate d'ammoniaque, qui ne peut provenir que des déjections humaines.

(11) Ce n'est pas le défaut d'air dans une eau qui lui donne la qualité ou les qualités de ce qu'on appelle une *eau crue* : on n'a qu'à ouvrir le premier dictionnaire scientifique pour s'en convaincre.

glaces est ce qu'on est convenu de nommer, depuis Hippocrate, UNE EAU CRUE (12); les eaux crues sont insalubres, mais elles perdent ce caractère par leur contact prolongé avec l'air atmosphérique. Les eaux du DANUBE, du Rhin et du Rhône sont fort insalubres assurément lorsque ces fleuves sourdent de dessous les glaciers des Alpes (13); mais, plus la course de ces eaux est rapide, plus elles perdent promptement le caractère qui les distinguait à leur origine; il serait absurde de dire qu'à VIENNE (14), A BALE, A LYON, les eaux du Danube, du Rhin et du Rhône conservent les qualités propres aux eaux de neige et de glace.

J'ai cru devoir rappeler ces notions sommaires sur la nature des eaux, pour démontrer plus aisément que ces notions suffisent pour guider dans le choix des eaux potables, et que, pour faire ce choix, il n'est besoin d'être ni physicien ni chimiste. On a dit souvent, avec une sorte de raison, que L'EXPÉRIENCE D'UNE BLANCHISSEUSE ET D'UNE CUISINIÈRE, en fait d'eau potable, EN APPRENAIT DAVANTAGE sur ce point QUE LES ANALYSES DES PLUS HABILES CHIMISTES (15)!

---

(12) L'eau *crue* ou l'eau *dure* est l'eau séléniteuse, l'eau chargée de sulfate de chaux (sélénite, plâtre) qui décompose le savon et durcit les légumes secs pendant l'opération de la cuisson, tandis que l'eau provenant de la fonte des neiges ou des glaces dissout très-bien le savon et ne durcit pas les légumes. Elle est pourtant insalubre, ainsi que le dit M. Prunelle, mais c'est parce qu'elle est trop voisine de la pureté chimique absolue, et trop ressemblante à l'eau distillée.

(13) Le Danube ne sort pas des Alpes.

(14) Le Danube, qui sort de la Forêt-Noire, ne contient pas de l'eau de neige en été. Il en est autrement du Rhin et du Rhône, qui en contiennent d'autant plus que les chaleurs de l'été sont plus intenses. Or, pendant les ardeurs de la canicule, il n'est pas du tout absurde de prétendre qu'à Bâle et à Lyon, les eaux grises du Rhin et du Rhône y arrivant très-vite en raison de leur abondance, conservent encore le caractère d'eau de neige, à un degré affaibli, sans doute, mais à un degré quelconque, et sont loin d'être alors aussi agréables et aussi saines que les eaux vives des sources, qui, avec autant d'air, contiennent infiniment plus de gaz acide carbonique, principe dont tout le monde connaît l'effet stimulant et tonique, depuis l'usage si répandu des boissons gazeuses qu'il sert à composer.

(15) Que cette prééminence des blanchisseuses et des cuisinières sur *les plus habiles chimistes* est ici de bon goût!

On voudra bien convenir, au moins, qu'AVANT L'EXISTENCE DE LA CHIMIE (16), on connaissait les qualités qui constituent une bonne eau potable. L'expérience de tous les âges avait reconnu :

1° Que l'eau potable la meilleure est aussi la plus LÉGÈRE (17);

2° Que cette eau doit cuire les légumes facilement et dissoudre le savon sans le *caillebotter*;

3° Que l'eau potable doit, AUTANT QUE POSSIBLE (18), ÊTRE INODORE et insipide;

4° Qu'elle doit être limpide (19).

Toute la chimie des eaux potables se trouve en quelque sorte dans ces quatre propositions (20), dont les deux dernières ressortent uniquement du domaine des sens. Pour les deux premières, qu'ont fait les chimistes? Ils ont confirmé et expliqué les résultats donnés par l'expérience. Ces explications rendent plus faciles maintenant les applications qui pourraient être faites des principes posés. De très-brefs développements vont rendre cette idée plus sensible.

L'eau la plus légère est, avons-nous dit, *la meilleure*. Voilà le fait : les chimistes l'expliquent en démontrant que CETTE LÉGÈRETÉ DE L'EAU EST DUE A LA PRÉSENCE D'UNE CERTAINE QUANTITÉ D'AIR ATMOSPHÉRIQUE (21). L'eau légère n'est, ainsi, que de l'eau convenablement aérée, et si l'on parvient à aérer l'eau qui ne l'est pas, on lui

---

(16) Et que cette contemption d'une science telle que la chimie moderne sied bien à un médecin, en l'année 1846!

(17) Qu'est-ce que M. Prunelle entend par l'eau *la plus légère?* Veut-il dire *légère* par le poids, par la pesanteur spécifique? C'est présumable; mais alors, c'est une nouvelle erreur de sa part, car l'eau la plus légère sous le rapport de la pesanteur spécifique, c'est l'eau distillée, qui est en même temps la plus *lourde* à l'estomac et la plus insalubre.

(18) Non pas *autant que possible*, mais *absolument* inodore,

(19) M. Prunelle omet de dire que *l'eau doit être incolore*, car la moindre coloration est un signe à peu près certain de la présence de matières organiques.

(20) Et pas un mot de la température dans cet exposé de la manière d'être de *l'eau potable* la meilleure !

(21) Les chimistes qui sont en même temps médecins ajoutent, que cette légèreté tient aussi et surtout à la présence du gaz acide carbonique, c'est-à-dire que de deux eaux également pourvues d'air (et généralement il y a parité entre elles sous ce rapport), *la plus légère* est celle qui a le plus d'acide carbonique.

donne la légèreté qui lui manquait. L'une des principales différences existant entre les eaux qui coulent à la surface de la terre dans les rivières, et les eaux qui filtrent entre les couches de cette même terre pour former les sources, consiste dans LA DIFFÉRENCE DE SATURATION DE CES EAUX DIVERSES PAR L'AIR ATMOSPHÉRIQUE (22). L'eau distillée ne peut être employée comme eau à boire qu'en y combinant de nouveau l'air que la distillation lui a enlevé. L'eau qui a perdu l'air atmosphérique par une simple ébullition, quoique conservant des sels, est très-malsaine ! On a vu mourir des chiens en les abreuvant de cette eau.

Suivant les théories généralement admises et précédemment exposées, les eaux du Rhône DOIVENT (23) contenir l'air atmosphérique en proportions plus grandes que ne le font les eaux des sources de la rive gauche de la Saône. On a SOUTENU (24) le contraire, et cité à l'appui des analyses de M. Bineau, QUI SONT LOIN DE PROUVER CETTE ALLÉGATION (25). Cet habile chimiste, en effet, dans quatre analyses faites des

---

(23) C'est là un principe posé avec assurance par M. Prunelle, et dont il tire ensuite imperturbablement des conséquences, sans s'inquiéter des démentis que les faits lui donnent ; par exemple, il a été démontré par les analyses de M. Boussingault et de M. Bineau, dont M. Prunelle fait mention plus loin (et, par parenthèse, avec inexactitude), qu'il y a une égale quantité d'air atmosphérique dans l'eau du Rhône, dans celle de la Saône, et dans celle des sources de Roye, de Ronzier, de Fontaine, de Neuville, du Jardin des Plantes et de la fontaine des Trois Cornets, de Lyon. — Il en serait peut-être autrement, si ces sources provenaient de régions souterraines extrêmement profondes ; mais, pour les eaux des sources qui n'ont pas quitté la partie supérieure de l'écorce terrestre (circonstance qui, pour les sources en question, est attestée par leur température égale à la température moyenne du climat), il n'est pas étonnant qu'elles aient beaucoup d'air, puisqu'elles proviennent d'abord de la pluie qui a traversé l'atmosphère, et qu'elles ont ensuite circulé dans des couches du sol qui subissent l'action constante de la pression atmosphérique.

(23) Oui, en effet, d'après M. Prunelle, et si ses idées étaient justes ; mais elles ne le sont pas.

(24) Et prouvé.

(25) Si cela est, pourquoi M. Prunelle ne donne-t-il pas le résultat de ces analyses, en en présentant le tableau inséré dans le rapport de M. le Maire ?

eaux du Rhône, à diverses époques de l'année, a reconnu que le *maximum* D'AIR CONTENU (26) dans l'eau du Rhône était de $0^{l},300$, (27), et le *minimum* $0^{l},203$ (28); il n'a pu y avoir de *maxima* et de *minima* observés dans chacune des sources de Royes, de Fontaines et de Neuville, puisque ces eaux n'ont été analysées qu'une seule fois, tant par M. Bineau que par M. Boussingault. Cette analyse unique a établi que les eaux de la source la plus chargée d'air en contenaient $0^{l},229$, et les eaux de la source la moins chargée $0^{l},215$. Il y aurait donc en sommant ces nombres, UN AVANTAGE DE $0^{l},039$ (29) EN FAVEUR DES EAUX DU RHÔNE; ce qui est, à la vérité, très-peu de chose ! Ce que les analyses de M. Bineau ont essentiellement démontré, c'est que la proportion d'air atmosphérique contenue dans les eaux du Rhône est

(26) M. Prunelle se trompe ici grossièrement sur le volume d'air contenu dans diverses eaux mentionnées en ce paragraphe, et qu'il exprime par les chiffres 0 litre 300, $0,^{l}203$, $0,^{l}229$, $0,^{l}215$; d'où il résulte qu'il y aurait 2 ou 3 décilitres d'air dans un litre d'eau, c'est-à-dire *dix fois* plus qu'il n'y en a. — Ce qu'il a pris pour des *décilitres*, ce qu'il présente comme tels, ce sont des *centilitres*.

(27) Le maximum dont il est question est évidemment un écart exceptionnel, une anomalie (si même ce chiffre n'est pas une erreur), ainsi qu'on s'en pourra convaincre en examinant le relevé ci-après, — dans lequel, toutefois, il est compris et additionné avec les autres chiffres.

(28) Quant au minimum, il n'est pas de 2 centil. 03, mais de 1 centil. 80, chiffre qu'il a plu à M. Prunelle de supprimer en ne mentionnant pas l'analyse de M. Boussingault, expérimentateur qui mérite pourtant quelque confiance.

(29) C'est encore là une erreur (pour ne pas dire autre chose). Le tableau d'analyse rapporté par M. le maire, et auquel M. Prunelle a emprunté les chiffres ci-dessus, en prenant ceux qui lui convenaient et laissant les autres, ce tableau donne pour moyenne de la quantité d'air contenu dans l'eau du Rhône seule, le chiffre de. . . . . $2^{c},29$
même en y comprenant l'écart mentionné ci-dessus, et pour moyenne de la quantité contenue dans l'eau des sources à dériver. . . . . $2^{c},25$

très-variable. Cette variation existe-t-elle au même degré dans les eaux de sources? On ne le sait pas, CES EAUX N'ONT ÉTÉ EXAMINÉES QU'UNE SEULE FOIS (30).

Une bonne eau potable, avons-nous dit encore, *est celle qui cuit le plus facilement les légumes et qui dissout le mieux le savon*. Cette épreuve à la portée de tout le monde, la chimie l'explique en démontrant que cette double propriété de l'eau tient à sa pureté. Quand le savon se caillebotte dans l'eau, c'est que LES SELS TERREUX (31) que contient presque toujours l'eau en quantité plus ou moins grande, y existent en proportion assez forte pour décomposer le savon et former ces savons insolubles qui

---

c'est-à-dire identité, comme on va le voir par le relevé suivant :

EAUX DU RHONE.	GAZ		TOTAL ou AIR atmosphérique.
	AZOTE.	OXIGÈNE.	
Analyse de M. Bineau, 2 mars	1,60	79	2,39
Idem 18 »	2,22	87	3,09
Idem 28 avril	1,45	71	2,16
Idem 30 sept.	1,40	63	2,03
Analyse de M. Boussingault, août	1,15	65	1,80
Quantité moyenne d'air par litre			2,29
EAUX DES SOURCES.			
Analyse de M. Bineau, fontaine Camille	1,58	62	2,20
Idem source de Lavosne	1,63	65	2,33
Idem » de Fontaine	1,56	65	2,21
Idem » de Ronzier	1,63	66	2,29
Idem » de Roye	1,60	76	2,36
Analyse de M. Boussingault, source de Roye	1,53	62	2,15
Quantité moyenne d'air par litre d'eau			2,25

(30) Voilà une autre erreur ou inexactitude. M. Prunelle, qui a cité l'ouvrage de M. Dupasquier, et qui, dès lors, ne peut pas en prétexter ignorance, sait très-bien que ces eaux ont été examinées par lui, — indépendamment des analyses faites par MM. Buisson, Boussingault et Bineau.

(31) M. Prunelle confond ici, comme dans le reste de son rapport, tous les sels terreux. Or, il y a à faire entre eux, soit pour l'action de l'eau sur le savon, soit pour d'autres effets ou propriétés, une distinction essentielle qui a été établie par M. le docteur et professeur Dupasquier, qui est admise par les notabilités de la science, mais qui n'est pas encore entrée dans l'esprit de M. Prunelle.

apparaissent alors sous forme de grumeaux. Les eaux du Rhône, comme les eaux de sources, paraissent cuire également bien les légumes. La manière dont elles dissolvent le savon présente de notables différences, dont la cause a été constatée par l'analyse qualitative et par l'analyse quantitative des chimistes.

L'analyse par les organes de l'odorat, du goût et de la vue, signale les divers degrés auxquels les eaux peuvent être inodores, insipides et limpides. Sous le premier rapport, les eaux du Rhône et les eaux de sources ne présenteraient aucune différence, si M. Buisson n'avait observé qu'un vase rempli d'eau de la source de Lavosne, avait pris une odeur marécageuse sur un four, tandis que l'eau du Rhône, placée dans ces mêmes circonstances, était restée complètement INODORE (32). Les plantes que nous avons vues dans la source de Lavosne, rendent suffisamment compte de ces faits. M. Buisson n'a pas recherché la cause matérielle qui a pu décider le développement de cette odeur marécageuse dans les eaux de Lavosne.

Des analyses ont été faites, tant des eaux des diverses sources que des eaux du Rhône prises, soit dans le lit du fleuve, soit dans les puits de Lyon, dont les eaux proviennent évidemment du Rhône. Voici l'état comparatif de ces analyses, analyses qu'il faut bien rappeler, puisque c'est sur les différences qu'elles ont présentées aux chimistes, que roule presque toute l'argumentation dont on s'occupe depuis si longtemps. Les eaux sont classées, dans le tableau, suivant l'ordre de leur pureté réciproque.

Je place en tête du tableau, comme terme de comparaison, L'EAU DE LA SOURCE DE FONTAINES, QUI EST D'UNE PURETÉ REMARQUABLE comparativement aux autres sources (33).

---

(32) Où M. Prunelle va-t-il chercher des faits tels que celui-là, qu'il reconnaît lui-même dans les lignes suivantes n'avoir point de valeur? Le fait, fût-il vrai, il est bien clair qu'il cesserait de l'être dans le cas de la dérivation, puisque la source de Lavosne coulerait dans un canal souterrain, où il n'y aurait pas la moindre végétation.

(33) Comment M. Prunelle est-il resté assez étranger à tout ce qui s'est dit et écrit sur la question des eaux de sources à dériver à Lyon, pour ne pas s'être aperçu d'une grosse erreur de chiffre provenant d'une virgule mal placée dans un relevé d'analyse de M. Bineau? S'il eût comparé celles-ci à celles faites par M. Dupasquier, il n'eût pas transporté cette erreur dans son rapport, et fait, comme on va le voir, de singuliers raisonnements fondés sur elle.

EAU DU LIT DE RHONE.	CARBONATE de chaux.	SULFATE de chaux.	CHLORURE de sodium.	AZOTATES	SILICE et alumine.	MATIÈRES organiques.
	gram.	gram.	gram.	gram.	gram.	gram.
Fontaines (sources de).	0,030	0,004	0,016	0,003		trace .
Fossés des forts.	(34) 0,072	0,041	0,009	0,012		
Lit du Rhône.	0,101 à 141	0,014	0,001	traces.	non recon.	non reconnu.
Puits de la traille St-Clair. . .	0,165	0,050	0,004	0,003		
Puisard des Petits-Broteaux. .	0,175	0,031	0,004	traces.	non recon.	non reconnu.
Fontaine Camille.	0,195	0,001	0,006	traces.	0,021	0,001 à 13
Puits de la Tête-d'Or. . . .	0,226	0,058	0,021	0,001		0,001
Sources de Royes.	0,235	0,021	0,013	0,011		0,001
Puits Rue de Condé.	(35) 2,245	0,112	0,018	traces.	0,021	traces.
Sources de Villeurbanne. . . .	0,265	0,010	0,016			

On peut former un autre tableau, en sommant les sels divers contenus dans chaque espèce d'eau ; ce qui nous donnera les résultats suivants :

Sources de Fontaines.	0,062
Eau du Rhône, fossés des forts	0,122
Eau du Rhône, lit du fleuve	0,175
Eau de la source Camille	0,204
Eau du Rhône, puisard des Petits-Brotteaux. .	0,231
Sources de Royes	0,285
Sources de Villeurbanne.	0,291
Puits de la Tête-d'Or.	0,306
Puits Guinon	0,396

(34) Par quelle circonstance l'eau infiltrée dans les fossés des forts des Brotteaux aurait-elle moins de carbonate que l'eau du Rhône, puisque c'est cette dernière qui arrive dans les fossés par infiltration ? Qu'elle en eût plus dans les fossés des forts que dans le lit du fleuve, ce serait bien possible, mais moins, cela ne peut pas être ; et il y a là une erreur, comme en mille autres endroits de ce rapport.

(35) Il y a encore là une erreur. Le premier chiffre, au lieu d'un 2, doit être un 0. — Voilà avec quelle exactitude a été fait ce travail. En outre, ni dans le tableau de cette page, ni dans le relevé de la suivante, il n'est dit quelle est la *quantité d'eau* qui contient les *quantités de substances salines* indiquées ; devine qui pourra ! Il n'y a que les personnes au courant de ces questions d'analyses qui puissent savoir, par d'autres ouvrages mieux faits, qu'il s'agit des quantités de substances salines contenues dans *un litre d'eau*.

On voit bien clairement ici que les eaux les plus pures sont celles de la source de Fontaines ; que l'eau du Rhône, dans les fossés des forts, vient ensuite, et immédiatement avant celle du lit du fleuve ; les eaux de Royes sont en sixième ligne, et les eaux du puits Guinon presque à l'extrémité de l'échelle; les eaux du puisard des Petits-Brotteaux contiennent, par litre, 54 milligrammes de sel en moins que ce qui est contenu dans les eaux de Royes.

On voit aussi que la composition des eaux de sources, que l'on considère comme identiques entre elles, est bien loin d'être telle, puisque L'EAU DE FONTAINES EST PRÈS DE CINQ FOIS PLUS PURE QUE L'EAU DE ROYES (36).

On voit aussi, dans le premier tableau, que les eaux des sources à dériver sont, une seule exceptée, les plus abondantes en carbonate et en chlorure de sodium ; que le sulfate de chaux, en très-petite quantité dans le lit du Rhône, est plus abondant dans les eaux qui en proviennent; ce qui s'explique par le voisinage des habitations et par la nature DES REMBLAIS QUI ONT ÉTÉ FAITS SOUVENT AVEC DES DÉCOMBRES (37). Il y a si peu de différence dans les autres sels, qu'il est à peu près inutile de la mentionner.

Ces mêmes différences sont signalées par cette analyse de blanchisseuse dont nous avons parlé, qui frappe bien plus vivement les yeux que ne peut le faire une analyse quantitative, dont les résultats comparatifs échappent à la mémoire et ne sont appréciés que des vrais chimistes.

Nous avons donc éprouvé les eaux par une solution de savon dans l'alcool, et nous avons comparé les *troubles*. Nous avons voulu savoir ce qui amenait ces *troubles ;* nous avons essayé les eaux par l'oxalate de chaux, pour séparer la chaux par le chlorure de baryum, pour signaler les sulfates; la comparaison des précipités nous a donné, non point la quantité absolue des sels dissous, mais leur quantité relative. Nous n'avions, en effet, qu'à examiner comparativement; par une analyse de ce genre, nous avons obtenu, pour notre propre instruction, des résultats plus sensibles et aussi approximatifs, pour le moins, que peut les donner l'analyse quantitative pratiquée sur de petites quantités.

Il nous eût fallu prendre l'eau si pure des sources de Fontaines pour terme de

---

(36) Ce raisonnement, ce trait décoché aux sources, partant d'une grosse erreur, est en vérité d'un bon effet!

(37) Est-ce que l'atterrissement du petit Brotteau, en amont du faubourg de Bresse, a été remblayé, — lui qui, au contraire, a été formé providentiellement du *diluvium* alpin, comme va nous l'apprendre plus loin M. Prunelle? Or, l'eau qui s'y infiltre contient très-notablement du sulfate de chaux.

comparaison ; nous nous sommes servi de L'EAU DU RHÔNE, QUI VENAIT ENSUITE DANS L'ORDRE DES PURETÉS RELATIVES (38).

Voici donc un tableau des résultats obtenus, et dont on comprend que le langage explique très-imparfaitement les différences, tandis que les yeux les aperçoivent avec une grande facilité.

(Suit un tableau assez peu intéressant, comme l'indique lui-même M. Prunelle, et que par ce motif on peut se dispenser de reproduire.)

Les observations ci-dessus ont été faites sur place, en présence de la Commission, et répétées dans le cabinet, à l'exception toutefois des eaux de la source Camille, qui, ayant été transportées, ONT DU FAIRE (39) un précipité quelconque dans le vase qui les contenait, et, par conséquent, se trouver placées, dans ce tableau, à un rang que ne leur eût pas assigné l'analyse quantitative.

Les eaux du Rhône restent donc toujours, après la source de Fontaines, dont nous avons cité l'analyse, LES PREMIÈRES POUR LA PURETÉ (40); viennent ensuite le puisard des Petits-Brotteaux et le puits de l'Hôtel-Dieu, à un rang presque égal. Les eaux du puits de la Charité et de la pompe du Grand-Théâtre sont un peu moins pures ; la pompe de la maison n° 12 du quai St-Clair, DONT L'EAU DONNE UN PRÉCIPITÉ ABONDANT PAR L'EAU DE SAVON, la pompe de la maison n° 15, quai St-Clair,

---

(38) Mais non ! D'après ce qu'a rapporté M. Prunelle, aux deux pages précédentes, c'est l'eau des fossés des forts qui vient immédiatement avant l'eau du Rhône. L'a-t-il oublié ? Ou bien a-t-il quelque raison pour n'en pas reparler et la déposséder de son rang de pureté relative ?... Ce qu'il y a de certain, c'est que l'eau n'a pas dû manquer dans les fossés des forts, si l'on a voulu en prendre pour des expériences, notamment pour les analyses comparatives dont il est ici question. — Il y a en tout cela des contradictions et des inexactitudes incroyables.

(39) *Ont dû faire*, c'est là une supposition ; or, dans un travail sérieux, on s'appuie sur des faits réels, sur des faits reconnus, et non sur des faits supposés. Si les eaux de source faisaient un précipité quelconque dans les vases qui les contiennent pendant quelque temps, il y aurait donc au fond de ces vases des dépôts, des incrustations calcaires ; mais jamais rien de semblable ne s'est vu.

(40) Mais non ! mais non ! c'est l'eau des fossés qui vient la première (voyez le tableau de la page 11 et la 1e ligne de la page 12), suivant le propres assertions de M. Prunelle.

celle de l'hôtel du Parc, rue Ste-Catherine, PARAISSENT UN PEU DOUCES (41); elles sont estimées dans leurs quartiers respectifs, quoique donnant des précipités considérables. La plus chargée de toutes les eaux que nous avons observées, est *celle du puits Guinon*, aux Brotteaux.

Nous ne pouvons pas nous empêcher de remarquer ici, avec une grande satisfaction, que les eaux des puits de l'Hôtel-Dieu et de la Charité sont des eaux parfaites. et sans doute maintenant LES MEILLEURES DE LA VILLE (42). Ces puits donnent chacun 600,000 litres (43) à l'heure; le puits de l'Hôtel-Dieu n'a que 3^{m}66 de diamètre ; il est creusé à 43 mètres du parapet du quai, et à 1^{m}60 au-dessous de l'étiage du Rhône ; le débit de l'eau y reste toujours le même; elle se montre d'autant plus fraîche et plus limpide qu'on en tire davantage. Ce puits n'existe que depuis quelques années ; il a été creusé lorsque M. Terme était président de l'administration des hôpitaux, et si l'idée en appartient à notre Maire actuel, c'est un service immense que les malades de l'Hôtel-Dieu lui doivent de plus !

Cette différence, au reste, que nous venons de remarquer entre les eaux de sources et les eaux du Rhône, relativement à la quantité des sels contenus, ne manquera pas de diminuer sensiblement lorsque les eaux de sources, mises en contact avec l'atmosphère, y auront pris L'AIR QUI LEUR MANQUE (44), et perdu l'excès de gaz acide carbonique qui tenait les sels en dissolution. Ces derniers, qui étaient à l'état de bi-carbonates, passeront alors à l'état de carbonates simples, et la portion de sels qui est restée dissoute dans l'eau, après avoir éprouvé elle-même ce changement, pourra se précipiter sur les parois des tuyaux et y former des incrustations.

Il est impossible de ne pas redouter les incrustations de ce genre, lorsqu'on observe les dépôts existants sur les bords du ruisseau de la source Camille et sur

---

(41) Ces eaux *paraissent un peu douces*, et elles donnent des *précipités considérables* : comment concilier cela? Ou plutôt, comment expliquer deux assertions si contradictoires de la part de M. Prunelle ?

(42) Pour affirmer cela ainsi, il faudrait s'être assuré par des analyses rigoureuses que ces eaux prétendues parfaites ne sont pas, sous le rapport des matières organiques qui s'y trouveraient dissoutes en certaine proportion, fort éloignées de cette perfection que M. Prunelle leur attribue : et c'est ce qu'on n'a pas fait.

(43) Ici c'est 600,000 litres, plus loin ce sera un chiffre différent.

(44) Mais il ne leur en manque pas, puisqu'*elles en ont autant que les eaux du Rhône*, non pas recueillies dans le sol par infiltration, mais *dans le courant*. (Voyez le tableau de la page 9).

les roues des moulins Tramoy. La Commission n'a point remarqué d'incrustations dans le superbe bassin des eaux de Royes, le bassin de cette source étant tenu dans un état de netteté parfaite. Les eaux de Royes, se trouvant beaucoup plus chargées en carbonate de chaux que CERTAINES SOURCES (45) décidément incrustantes, doivent nécessairement le devenir aussi. On est obligé, à Montpellier, d'extraire TOUS LES ANS, des bassins de la place du Peyron, les masses énormes de carbonate de chaux qui y sont déposées (46). Je l'ai vu faire pendant douze ans; j'ai vu aussi, à Montpellier, sous la mairie de M. Louis Granier, renouveler la plus grande partie des tuyaux de distribution dans l'intérieur de la ville; le diamètre de ces tuyaux était réduit de moitié au moins; ils étaient en terre cuite.

Toutes les analyses démontrent une différence entre les eaux du puisard des Petits-Brotteaux et celles du fleuve. L'eau du puisard est moins pure; le gravier qu'elle traverse est d'une netteté parfaite, et l'espace parcouru n'est que de 32 mè-

---

(45) Quelles sont-elles, ces *certaines sources?* Et montrez l'analyse de leurs eaux, afin qu'on puisse les comparer à celle de l'eau de Royes; mais cela serait fort difficile.

(46) Suivant M. Lenthéric, professeur à la Faculté des Sciences et ancien adjoint au maire de Montpellier, la conduite *en poterie* de 16 centimètres, qui traversait la place du Peyrou, avait seize ans d'existence quand elle a été remplacée par une conduite en fonte. « Les réparations « partielles qu'elle a subies dans l'intervalle de seize ans ont fait l'*équi-* « *valent d'un renouvellement total,* » dit M. Lenthéric, dont le témoignage est parfaitement digne de foi. — Ceci est un peu moins effrayant que ce qui est dit sur le même sujet par M. Prunelle.

M. Lenthéric assure encore (voyez le rapport de M. le maire) « qu'au « delà de 5 ou 600 mètres de l'origine des conduites (de distribution « dans la ville), il n'y a presque plus de dépôts, même dans les tuyaux « de 11 centimètres, *qu'on ne répare jamais que pour cause de rupture*, « ET NON POUR CAUSE D'OBLITÉRATION; » tandis que M. Prunelle prétend avoir vu renouveler la plus grande partie des tuyaux de distribution *dans l'intérieur de la ville.* — Obligé, entre deux assertions différentes, de choisir celle qu'on peut croire la meilleure, chacun est libre en son option. — Il faut remarquer toutefois que M. Prunelle avoue que les tuyaux qu'il a vu renouveler étaient, non en fonte, mais *en terre cuite*, matière qui, par sa nature, favorise la formation des dépôts calcaires.

tres. L'excédant en carbonate de chaux doit provenir des eaux de la montagne de la Croix-Rousse. Cet excédant deviendra insensible lorsque LE PUISARD OU LA GALERIE D'INFILTRATION AURA A FOURNIR UNE GRANDE QUANTITÉ D'EAU DU RHÔNE (47); l'eau des sources de la montagne se perdra naturellement dans ces masses.

Quoi qu'il en soit, cette différence dans la proportion des sels contenus dans les eaux de sources et dans les eaux du Rhône, n'est pas telle, qu'elle puisse motiver une préférence en faveur des unes ou des autres, lorsqu'il ne sera question que de leurs qualités hygiéniques. TANT QUE LE GOUT ET L'ODORAT NE SIGNALENT RIEN D'EXTRAORDINAIRE DANS L'EAU, CELLE-CI PEUT ÊTRE REGARDÉE COMME POTABLE (48). Il est très-rare que les eaux de rivières et les eaux de sources se présentent à CET ÉTAT DE PURETÉ QUI A ÉTÉ CONSIDÉRÉ COMME LE CARACTÈRE ESSENTIEL DES EAUX POTABLES, par les physiciens et les médecins de tous les temps, et récemment encore par MM. Arago, Dumas, Poncelet et Thénard (49), dans la réponse de l'Académie royale des sciences au maire

---

(47) M. Prunelle se livre encore ici à des suppositions, à des conjectures (comme si un travail tel que celui qu'il avait à faire ne devait pas être basé sur des faits, et des faits incontestables!), sans faire attention si elles s'accordent avec d'autres conjectures ou assertions qu'il a déjà présentées, ou qu'il présentera plus loin !

« L'excédant en carbonate de chaux *doit* provenir des eaux de la « montagne, dit-il. — Cet excédant deviendra insensible, lorsque le « puisard ou la galerie aura à fournir une grande quantité d'eau du « Rhône. » Est-ce que le puisard ou la galerie aura jamais à en fournir plus que M. Prunelle prétend (voyez plus loin, ou page 54 du rapport original) qu'on en a tiré *constamment*, *en faisant marcher la machine jour et nuit, du* 14 *août au* 30 *octobre*, savoir, 14,904,000 *litres par vingt-quatre heures* d'un puisard n'ayant pas 50 mètres de long?

(48) Cela n'est pas vrai du tout, car *le goût ni l'odorat ne signalent rien d'extraordinaire* dans une eau séléniteuse, c'est-à-dire chargée de sulfate de chaux (plâtre) qui rend l'eau pesante à l'estomac ; *le goût ni l'odorat* ne peuvent rien signaler non plus dans une eau contenant une quantité de matières organiques capable d'engendrer les plus graves maladies. — Et c'est un médecin qui laisse échapper de telles hérésies scientifiques et hygiéniques?

(49) La commission formée par ces savants n'avait pas à résoudre et n'a pas résolu une question de *principe* hygiénique, mais une ques-

de Bordeaux. Ces physiciens célèbres n'ont pas songé à exiger de l'eau potable la condition de tenir des sels en dissolution.

Cette opinion, qui a paru à quelques personnes n'être née que pour le *besoin de la cause*, est beaucoup plus ancienne. Darwin a prétendu que l'eau devait, pour être propre aux usages économiques, contenir des sels calcaires. Que l'hypothèse soit ancienne ou nouvelle, votre Commission n'avait pas qualité pour la juger. Je vous demanderai, en ce qui me touche personnellement, la permission de m'expliquer très-brièvement sur ce point, ne pouvant pas paraître autoriser, par mon silence, des opinions que je ne puis partager.

On a dit : *Les eaux provenant de la fonte des neiges sont insuffisamment chargées de carbonate de chaux ; les populations qui boivent ces eaux sont,* COMME CELLE DE LYON (50),

---

tion de *fait*, c'est-à-dire celle de la composition chimique comparative, des eaux de plusieurs sources et de celle de la Garonne recueillie à Bordeaux ; aussi, s'est-elle bornée à répondre au maire de cette ville, en lui adressant les relevés de l'analyse des eaux dont ils avaient reçu les échantillons : « telle eau est plus pure chimiquement, c'est-à-dire contient moins de sels, que telle autre », mais sans émettre l'avis que la plus pure soit par cela même la meilleure, ou la plus *potable*.

(50) Il y a ici altération de la vérité. M. le maire de Lyon, dont M. Prunelle a l'air de citer les paroles, n'a pas dit que la population lyonnaise fût, à raison de l'eau qu'elle boit, atteinte de scrofules, caractérisés par..., etc., —M. le maire, en effet, sait bien que l'eau bue dans l'enceinte de Lyon, après y avoir été extraite du sol, ne peut pas être considérée comme de l'eau du Rhône, puisque (par l'effet des substances que l'eau a la propriété de dissoudre dans le sol), il y a généralement plus de différence entre cette eau et l'eau du fleuve, qu'il n'y en a entre les eaux des sources à dériver et cette dernière. Mais, puisqu'on veut prendre une très-grande masse d'eau, soit dans le lit du fleuve, soit dans des graviers sur ses bords, afin qu'elle soit aussi ressemblante que possible à l'eau du Rhône, M. le maire a eu raison de prévoir que cette eau qui, dans les quatre mois des chaleurs, est en presque totalité de l'eau produite par la fonte des neiges, sera *insuffisamment chargée de carbonate de chaux*, c'est-à-dire *du principe calcaire qui fournit à l'organisation un élément qui lui est nécessaire, etc.*

atteintes de scrofules caractérisés par le ramollissement des os, conséquence de la privation du principe calcaire. Le carbonate de chaux fournit à l'organisation cet élément qui lui est nécessaire , soit pour la formation, soit pour le développement des os. Ma position, comme médecin, m'oblige de combattre chacune de ces propositions.

Il n'est nullement établi que la boisson des eaux provenant de la fonte des neiges et des glaces, décide les scrofules et le ramollissement des os. Les eaux de cette espèce sont insalubres, il est vrai; CE SONT DES EAUX CRUES, QUI TIENNENT DE LA NATURE DE L'EAU DISTILLÉE (51) et ne contiennent point d'air atmosphérique en quantité suffisante; ces eaux deviennent très-bonnes lorsqu'elles se sont aérées dans leur choc au travers des rochers, ou dans leur passage sur les roues d'une usine.

Les habitants du Haut-Valais boivent de l'eau provenant immédiatement de la fonte des neiges, et constituent une population belle et robuste; ON NE TROUVE LES CRÉTINS QUE DANS LE BAS-VALAIS (52). C'est donc à d'autres causes qu'à la boisson de l'eau de neige et de glace que sont dues les maladies scrofuleuses (53) qui règnent

---

(51) Encore une fois, ce ne sont pas les eaux tenant de la nature de l'eau distillée qui sont *crues;* ces eaux sont au contraire douces et très-*douces* , elles dissolvent parfaitement le savon et n'ont aucun des caractères des eaux *crues*, ou du moins qualifiées telles par tout le monde, M. Prunelle excepté.

(52) Il faut remarquer — d'abord , qu'*au moins* autant que le Valais supérieur, le Bas Valais est bordé, à droite et à gauche, de hautes montagnes éternellement couvertes de neiges, dont une partie fond en été, et de glaciers, dont les bouches vomissent leurs torrents sans discontinuité , — ensuite que la vallée étant très-resserrée entre le massif de la *Dent de Morcles*, et celui de la *Dent du Midi* , les eaux de neiges et de glaciers, qui y affluent, n'ont qu'un faible trajet à faire pour y arriver. Or, c'est évidemment le contraire que croyait M. Prunelle, qui s'est trompé en cela, comme en tant d'autres choses.

(53) L'eau de neige et de glace ne produirait probablement pas *toute seule* des maladies scrofuleuses ; et, par exemple, les habitants de St-Cyr et de St-Didier-au-Mont-d'Or, près de Lyon, qui se nourrissent bien, et respirent un air parfait, pourraient sans doute boire impunément une telle eau. Mais, si, dans de profondes vallées, où l'air est stagnant et lourd, faute d'insolation pendant une grande partie du jour, de mal-

dans les vallées étroites des Alpes, des Pyrénées, etc. Nous ne buvons pas à Lyon de l'eau de neige et de glace; les familles, cependant, qui habitent des logements trop resserrés, dans des rues où l'air ne se renouvelle ni ne s'assèche convenablement, deviennent sujettes à quelques-unes des maladies qui affectent les habitants des vallées des Alpes. De jour en jour, cette situation s'améliore par une aération meilleure; les eaux n'ont cependant pas changé.

Les roches cristallisées, les roches quartzeuses laissent échapper de leur sein des sources d'une eau excellente, où le carbonate de chaux n'existe pas; Berzélius en a observé de semblables en Suède et en Norwége, où les hommes cependant sont robustes et hauts de taille. En France, les eaux de la Sioulle, dans le département du Puy-de-Dôme, sont d'une extrême pureté, et les Auvergnats qui habitent les bords de la Souille, ne sont assurément ni scrofuleux, ni rachitiques. Dans un des départements voisins, les montagnes du Morvant contiennent des sources dans lesquelles ON NE RETROUVE PAS UN ATOME DE CHAUX, et cette contrée nourrit une grande quantité de bœufs qui font trop lestement le voyage de Paris pour avoir les os ramollis. M. Antoine Michel, l'un des premiers teinturiers de Lyon, possède, dans les environs d'Autun, une grande propriété dans laquelle on élève beaucoup de bêtes à cornes, et dont les eaux ne contiennent pas un atome de carbonate de chaux (54).

Je crois avoir été en position, autant que qui que ce soit, de constater les propriétés médicamenteuses du carbonate de chaux. Ce sel est un médicament utile et souvent énergique, mais non pas un aliment. Continué trop longtemps comme médicament, j'ai toujours vu que le carbonate de chaux débilitait les forces digestives, affaiblissait l'énergie nerveuse et musculaire, décidait des obstructions,

---

heureux habitants, n'ayant pour soutenir la vigueur de l'organisme qu'une alimentation chétive, où la viande n'entre jamais, boivent encore de l'eau à peu près aussi dépourvue de sels et de gaz stimulants que l'est l'eau distillée, on ne doit pas s'étonner que de ces trois causes réunies de débilitation et d'altération, résultent des maladies scrofuleuses. En un mot, s'il n'est pas absolument exact de dire que l'eau de neige *crée* les scrofules, on peut soutenir avec raison qu'elle les *favorise*.

(54) Tout ce deuxième paragraphe est rempli d'assertions tranchées, qui auraient grandement besoin d'une garantie autre que la véracité de M. Prunelle. Par exemple, jusqu'à preuve matérielle constatant le fait, il est permis de douter que *les montagnes du Morvant contiennent des sources dans lesquelles on ne retrouve pas* UN ATOME DE CHAUX.

fatiguait la poitrine et développait parfois des phthisies qui eussent peut-être TARDÉ LONGTEMPS A LE FAIRE. Ce sont là autant de faits qu'aucun médecin praticien ne contestera. JE NE SAIS PAS CE QUI ARRIVE PRÉCISÉMENT, lorsque le sel calcaire est à l'état de bi-carbonate. Pour jouir des propriétés attribuées à l'eau chargée de bi-carbonate de chaux, il faudrait boire ces eaux sur la source même ; nécessairement les ballottements qu'elles éprouvent dans le transport, font disparaître 'excès d'acide qui constitue le bi-carbonate.

Les expériences récentes, par lesquelles M. Boussingault a reconnu que la chaux assimilée ou excrétée dans l'espace de 90 jours, par un jeune porc, excédait de 190 grammes la quantité de chaux contenue dans les aliments consommés pendant ces 90 jours, ne manqueront pas d'être produites à l'appui de l'hypothèse de Darwin. Je ne me hasarderai pas à dire que, depuis un siècle, on est dans l'habitude de prouver tout ce qu'on veut avec des expériences de cette nature ; mais je dirai qu'avant de conclure que l'excédant de 190 grammes de chaux constaté en dehors des aliments, provenait des eaux prises en boisson, il eût fallu procéder par la contre-épreuve, en examinant les résultats d'une alimentation dans laquelle ne serait entrée que de l'eau dépourvue de carbonate de chaux et convenablement aérée. Les faits démentent successivement toutes les expériences qui se font depuis plus de soixante ans pour découvrir les moyens employés par l'organisation, pour se procurer les éléments de la formation et du développement de la machine animale. Ce qui est advenu récemment de la théorie de la formation de la graisse, théorie que son illustre auteur s'est hâté de démentir, devrait rendre plus circonspect, et surtout ne pas faire persister dans leurs erreurs des hommes D'AILLEURS TRÈS-DISTINGUÉS (55). L'exemple donné par l'illustre M. Dumas, parmi les savants, par sir Robert Peel, parmi les hommes politiques, suffit, je pense, pour consoler leur amour-propre.

On doit conclure de tout ce qui précède, que les eaux de sources et les eaux du Rhône peuvent être employées indifféremment dans les usages alimentaires ; aucun fait, du moins, n'établit ici la prééminence des unes sur les autres, et si l'excédant que contiennent, en sels terreux, les eaux de sources sur les eaux du Rhône, devait être pris en considération, l'équilibre se rétablirait par LE DÉPÔT QUE FERAIENT NÉCESSAIREMENT LES EAUX DE SOURCES DANS LEUR TRAJET JUSQU'A LYON (56).

---

(55) Probablement M. Boussingault n'acceptera pas la leçon que voudrait lui donner M. Prunelle ; il en sera de même certainement de M. Dupasquier, de M. Terme, de M. Bottex, de M. Brachet, etc., etc.

(56) M. Prunelle argumente ici d'un fait qui est loin d'être certain, savoir le dépôt salin que feraient les eaux des sources dans leur trajet jusqu'à Lyon. (Voyez, à ce sujet, la note ci-après, n° 61).

La question n'est pas tout-à-fait aussi indifférente à l'égard des teintures (57).

M. le Maire n'aurait eu garde d'oublier une industrie qui a si puissamment concouru à la réputation des manufactures de Lyon. Les teinturiers ne sont pas demeurés en arrière pour faire connaître leurs besoins à l'égard des eaux ; DIX-NEUF D'ENTRE EUX (57 *bis*) ont exprimé le vœu de *posséder des eaux indépendantes des variations qu'éprouve l'eau de riviere*, suivant son plus ou moins d'élévation dans leur lit. Soixante-huit autres, dans une lettre également imprimée, déclarent que : *les eaux du Rhône, filtrées, satisfont à tous les besoins de leur industrie* ; *que ces eaux sont incontestablement préférables à celles plus calcaires des eaux de Royes, de Ronzier, de Fontaines et de Neuville*, et qu'ils demandent en conséquence *une distribution d'eau du Rhône convenablement filtrée*.

Ces expressions dénotent assez clairement que les teinturiers préfèrent les eaux pures, et qu'ils trouvent que les eaux de sources ne le sont pas assez. Est-ce préjugé de leur part ? Il serait difficile de le penser, et, lorsqu'on a la moindre connaissance de l'art de la teinture, on voit que les teinturiers ne peuvent pas faire autrement que de rejeter les eaux trop fortement calcaires.

En général, lorsque l'eau est déjà chargée d'un sel quelconque, on peut croire que son action dissolvante ne s'exerce pas avec la même intensité sur le principe colorant, quoique le contraire puisse se présenter quelquefois.

Lorsque le savon, qui est d'un si grand usage dans les teintures, se trouve décomposé par la présence des sels terreux dans l'eau, il se forme, ainsi que nous l'avons dit déjà, des savons insolubles qui, se précipitant sous forme de grumeaux, se fixent sur les soies et les graissent, suivant le langage des ouvriers. Lorsque l'eau est poussée à l'ébullition, ce qui arrive si fréquemment dans les opérations de la teinture, l'acide carbonique qui tenait LES SELS TERREUX (58) en dissolution se

---

(57). Mais *si l'équilibre est rétabli par le dépôt*, comme vient de le dire M. Prunelle, il est bien clair que *la question est tout-à-fait indifférente à l'égard de la teinture !* Peut-on se contredire à ce point !

(57 *bis*.) Pourquoi M. Prunelle ne cite-t-il ici que la démarche faite en 1841, par dix-neuf teinturiers, et passe-t-il entièrement sous silence celle faite dans le même sens par *soixante-neuf* teinturiers auprès du préfet, M. Rivet, en 1833, et celle faite par *cinquante* pendant l'enquête publique sur le projet de dérivation, en 1842 ? — Pourtant elles sont constatées par des pièces qui ont été publiées et qui ont passé sous les yeux de M. Prunelle. La dernière est notamment consignée sur le registre de l'enquête dont il a dû se faire représenter le dossier.

(58) Ici, comme quelques lignes avant, l'ignorance de M. Prunelle

dégage, et les sels, se précipitant sur les soies à teindre, les revêtent d'un enduit qui empêche la pénétration des couleurs et leur donne ce maniement si redouté des teinturiers; lorsque la précipitation de ces sels se fait dans les chaudières à vapeur, ces dernières en sont incrustées. Si les sels terreux devenaient nécessaires dans certaines opérations, il faudrait donc les ajouter aux eaux, puisque celles-ci LES ONT PERDUS (59) en bouillant, au moins pour la très-grande partie.

J'ai lu, JE NE SAIS où, que la présence du carbonate de chaux dans les teintures, avivait les couleurs rouges. Cette idée, vraie en ce qui touche la garance, dont la couleur, néanmoins, brunit plutôt qu'elle ne s'avive par l'action de la chaux, n'a pas été, je pense, appliquée à la cochenille. La solution de bois de Fernambouc, prise pour exemple, donne, il est vrai, une couleur plus foncée dans l'eau chargée en carbonate de chaux, que dans l'eau distillée; mais l'intensité de la couleur n'en est pas augmentée pour cela; la couleur a passé du rouge au violet; il y a eu changement dans la nuance.

Comme aucun des membres de votre Commission ne s'est trouvé teinturier, et que ce n'est pas ici le lieu de faire une leçon sur le choix des eaux destinées à la teinture, contentons-nous des exemples cités pour établir que les teinturiers ne demandent ni de l'eau de source, ni de l'eau de la Saône, ni de l'eau du Rhône; ils désirent l'eau la plus pure de toutes celles qu'on pourra leur procurer, afin de pouvoir ensuite la modifier à leur gré. Les teinturiers instruits, et ils sont maintenant en grand nombre à Lyon, savent même tirer parti des eaux les plus chargées en principes étrangers; les teinturiers routiniers tâtonnent longtemps pour arriver au même point. C'est à l'occasion de ces derniers, sans doute, que M. le Maire a pu dire que *le secret de tous les ateliers de teinture résidait dans l'identité de leurs eaux;* il a parlé vrai en ajoutant que *les eaux livrées aux ateliers de teinture devaient toujours être identiquement les mêmes;* ce serait là, sans doute, un grand embarras de moins pour les teinturiers de tous les ordres. Mais où trouver cette *identité* désirée? On l'obtiendrait à peine d'une source unique, dont la composition peut varier suivant un débit plus ou moins abondant. En mêlant les eaux de plusieurs sources dont chacune présente une composition différente, ON AURA UNE MOYENNE ENTRE TOUTES CES SOURCES (60). Cette moyenne se soutiendra-t-elle? C'est chose im-

---

en ces matières se révèle ou plutôt se confirme par l'expression, mise au pluriel, de *sels terreux*.

(59) Mais l'eau qui a bouilli, pour l'opération de *la cuite* des soies, ne sert pas ensuite dans les autres manipulations par lesquelles la couleur est donnée à ces mêmes soies.

(60) Les idées exprimées là sur la différence de composition des eaux des sources et sur leur variabilité supposée, proviennent : 1o de l'erreur

possible. Le débit des sources varie à des époques indéterminées; ces variations sont loin d'être proportionnelles au débit normal de la source. La *moyenne* de composition résultant de l'union des sources change donc nécessairement, puisque les proportions de chaque eau différente peuvent varier dans ce mélange. La composition identique des eaux de sources ainsi mélangées, ne peut donc pas être permanente. Néanmoins, les différences doivent y être moins prononcées que dans les eaux de rivières, surtout lorsque les eaux de sources auront déposé, dans leur trajet jusqu'à Lyon, CET EXCÉDANT DE SELS QUI LES CARACTÉRISE (61).

Quoi qu'il en soit, et quelque minime que fût alors vraisemblablement la différence existant entre les eaux de sources et les eaux de rivières, quant à leur pureté, il peut exister des opérations de teinture si délicates, que cette différence si minime pourrait les modifier encore.

Les eaux du Rhône, bien clarifiées, demeurent donc préférables aux eaux de sources, en ce qui touche les teintures (62); déclaration conforme, du reste, a celle des soixante-huit teinturiers.

---

où était alors M. Prunelle relativement à la prétendue pureté extrême de l'eau de la source de Fontaine, comparée à celle des autres sources à dériver; 2° de l'ignorance où il se complaît (si toutefois il est dans l'ignorance à ce sujet), des diverses analyses qui ont été faites de ces mêmes sources par deux ou trois professeurs de chimie, et à des époques différentes, lesquelles analyses donnent des résultats semblables. — Le raisonnement de tout ce paragraphe ne repose donc sur rien.

(61) M. Prunelle, de sa propre autorité, pose en fait certain le dépôt salin des eaux des sources *dans leur trajet jusqu'à Lyon;* mais des savants distingués, des esprits judicieux, pensent et soutiennent que si les eaux des sources sont recueillies et dérivées souterrainement, et maintenues toujours à l'abri du contact de l'air extérieur, le dégagement de l'acide carbonique n'aura pas lieu, ni par conséquent le dépôt de carbonate, — au moins d'une manière appréciable.

(62) Ce qu'il y a, au contraire, de démontré par les faits, non moins que par des déclarations, c'est que les eaux des sources à dériver, *demeurent préférables* aux eaux du Rhône, *en ce qui touche la teinture* des soies *en couleurs claires* (blanc, rose, bleu céleste, etc.); et, quant aux autres couleurs, il n'y a jusqu'à présent ni supériorité ni infériorité qui soit constatée. — Somme toute, les eaux des sources sont donc préférables pour les teintures en général.

2° Filtrage.

L'avantage d'une plus grande pureté dans les eaux de rivières considérées chimiquement, est plus que compensé, dit M. Arago, *par leur manque de limpidité.* Il faut donc préférer les eaux de sources et abandonner les eaux de rivières, si ces dernières ne peuvent pas reprendre la limpidité des eaux de source au moyen de quelque filtration naturelle.

M. le Maire a savamment traité, dans son rapport, de l'histoire de tous les filtres employés jusqu'à ce jour; il n'a même pas oublié, dans son exposé, l'essai infructueux fait au Jardin-des-Plantes de Lyon : essai dans lequel on n'avait en vue que de se faire une idée PLUS EXACTE de la PUISSANCE DE CHARGE (63) nécessaire à opérer un filtrage en grand. La difficulté d'opérer ce filtrage par des moyens artificiels, a fait naturellement préférer les eaux de sources, tant en Italie qu'en Angleterre. Les villes maritimes dont les ports sont sur des rivières, ont eu d'autres raisons. Liverpool, que l'on cite, pouvait-il employer les eaux de la Mercey? Nantes, Rouen, ont-ils songé à filtrer les eaux de la Loire et de la Seine? Le filtrage débar-

---

(63) Il est difficile de comprendre ce que veut dire M. Prunelle touchant cette *puissance de charge*, qu'on avait en vue d'expérimenter au jardin des Plantes de Lyon, lorsqu'il y a fait arriver des eaux du Rhône, en 1832. Le filtre établi en ce lieu est contigu au grand bassin dans lequel séjournent les eaux, et ne lui est que très peu inférieur (de 0 m. 50 environ.) Entre la couche supérieure de ce filtre et le cerveau de la voûte qui le recouvre, se trouve un vide de plusieurs mètres qui n'est jamais entièrement rempli ; par conséquent ledit filtre n'est jamais soumis à une pression analogue à celle, par exemple, qui pèse sur le filtre du système Fonvielle, où l'eau arrive, à conduite forcée, d'un réservoir placé à 20 mètres au-dessus du plan supérieur du filtre. — Quoi qu'il en soit, le présent prouve que M. Prunelle s'est trompé grandement sur le mode de clarification des eaux du Rhône, essayé au jardin des Plantes, de même que l'avenir se chargerait de prouver qu'il s'est de nouveau trompé non moins grandement, s'il réussait à faire prévaloir l'idée qu'on peut, près des bords du fleuve, extraire des millions de litres d'eau toujours parfaitement limpide, de puisards ou d'excavations quelconques d'une faible étendue.

rasse les eaux de toutes les matières qui y sont tenues en suspension; les sels qui peuvent y être dissous ne peuvent pas être déplacés de la même manière.

Votre Commission n'a pas cru devoir suivre M. le Maire dans ses doctes élucubrations; le seul filtre qui nous ait occupé, est celui que l'on a nommé galerie d'infiltration. M l'ingénieur Mallet dit que ces filtres n'ont pas réussi à Glascow, quoique l'illustre Watt en eût conseillé la construction. Il en existe un à Toulouse qui a fait l'objet de longues discussions. Ce filtre est analogue à celui qui pourrait être proposé pour clarifier les eaux du Rhône, à Lyon.

On a fait craindre que les produits du filtre de Toulouse ne fussent décroissants, et cette crainte prenait d'autant plus de force, qu'on l'établissait sur des paroles de M. d'Aubuisson, qui avait prévu d'avance que *l'obstruction des couches filtrantes s'opérerait nécessairement par des matières suspendues dans l'eau.* Ces paroles, qu'on cite comme les propres expressions de M. d'Aubuisson, n'ont pu exprimer qu'une éventualité possible, mais non probable, puisque M. d'Aubuisson a dit ailleurs, en termes formels : *avoir vu* (64) *le courant de la Garonne entraîner constamment la couche vaseuse du cours de la rivière, et opérer ainsi un nettoiement incessant.* Pour établir le produit décroissant des filtres de Toulouse, on a cité l'opinion du directeur de la Compagnie des eaux à Vienne en Autriche, annonçant que l'amélioration qui s'était produite dans la limpidité des eaux de Toulouse était due à la diminution du diamètre des capillaires filtrants : le directeur des eaux de Vienne en Autriche était donc mieux informé de ce qui se passe à Toulouse, qu'on ne l'est à Toulouse même! L'opinion du célèbre ingénieur Thom, alléguée contre les filtres de Toulouse, se résume en ceci : *Un filtre dépourvu des moyens d'enlever les matières étrangères que l'eau dépose, ne peut continuer de fournir un produit uniforme pendant un espace de temps considérable ;* c'est là un principe que personne ne peut contester; l'engorgement des filtres qu'on ne nettoie pas est un fait connu de tout le monde;

---

(64) Ne croirait-on pas, en voyant ces *termes formels* imprimés en italique dans le rapport, que M. d'Aubuisson a réellement tenu le langage que M. Prunelle met ici dans sa bouche ! Eh bien, ce dernier est mis au défi de montrer un texte semblable émané de M. d'Aubuisson. Et s'il ne prouve pas, en le faisant, la réalité de paroles aussi positives que celles par lesquelles M. d'Aubuisson aurait déclaré *avoir vu*, etc., il faudra bien reconnaître que M. le docteur Prunelle a le singulier talent de faire parler les morts.

le filtre de la Garonne se nettoie seul, SUIVANT M. D'AUBUISSON (65); le principe de Thom ne lui est donc pas applicable.

Réfuter successivement tout ce qui a été allégué pour soutenir la même thèse, est chose bien inutile assurément. On pourrait ici répondre, comme Galilée, aux juges qui le condamnaient pour avoir démontré le mouvement de la terre : *E pur' si muove;* cependant la terre tourne! Le filtre de Toulouse n'a pas marché en décroissant; une expérience formelle et récente a constaté que la quantité d'eau filtrée élevée par la machine hydraulique de Toulouse, est toujours de 4,000,000 de litres en vingt-quatre heures, comme à l'époque de l'établissement des fontaines, il y a dix-huit à vingt ans.

Toulouse aurait eu, au reste, le sort de Glascow pour ses galeries filtrantes, qu'en bonne logique, il ne faudrait rien en conclure pour Lyon. La Garonne n'était pas la Clyde, et le Rhône n'est pas la Garonne. Les eaux de la Clyde sont presque dormantes à Glascow. LA GARONNE, quelle que soit la vitesse de son courant à Toulouse, N'A PAS LA VITESSE DU RHÔNE (66), qui, depuis Genève jusqu'à Lyon, court avec une pente d'un mètre par kilomètre ; le terrain des bords de la Garonne ne ressemble en rien à CE DILUVIUM COMPOSÉ DE COUCHES PROFONDES D'UN GRAVIER LAVÉ DEPUIS DES SIÈCLES (67),

---

(65) Encore une fois, où, et quand M. d'Aubuisson a-t-il dit que *le filtre de la Garonne se nettoie seul?*

(66) Que signifie ici la vitesse du Rhône? — Si son eau, plus rapide encore, passait comme une flèche, par exemple, s'en infiltrerait-il beaucoup dans le sol?

(67) Tout ce paragraphe est rempli de mots vides de sens, d'expressions à effet pour des esprits inattentifs ou ignorants, mais sous lesquelles il n'y a rien. — D'abord, qu'est-ce que c'est que ce DILUVIUM *composé de couches profondes d'un gravier* LAVÉ DEPUIS DES SIÈCLES, *et au travers duquel le Rhône a creusé son lit?* M. Prunelle voudrait-il faire remonter jusqu'au déluge, ou à quelque cataclysme, la formation des terrains à couches horizontales régulières de la Tête-d'Or, du Petit-Brotteau, etc. ? A la bonne heure ; il lui convient, on le sent, de donner une origine et une nature extraordinaires au sol où il veut placer le siége de la filtration des eaux du Rhône, et il ne faut pas que ce sol puisse être soupçonné d'être tout uniment formé d'alluvions, comme l'a été celui qui borde la Garonne et les autres fleuves. Mais si ce terrain de si haute origine a préexisté au Rhône, M. Prunelle voudrait-il bien nous dire

ET AU TRAVERS DUQUEL LE RHÔNE A CREUSÉ SON LIT; rien de cela n'existe à Toulouse. Pour qu'une filtration d'eau y fût possible, il a fallu qu'un banc de gravier et de sable se fût formé accidentellement au milieu du lit du fleuve, à la manière de ces atterrissements si fréquents dans le Rhône. Les rives de la Garonne qui sont opposées au filtre, sont comme imperméables; les rives du Rhône sur le département de l'Isère, en face de Lyon, sur le département de l'Ain, au-dessus de Miribel, sont, au contraire, d'une extrême perméabilité. L'effet des pressions des couches supérieures de l'eau sur ses couches profondes et sur ses couches latérales ne peut donc pas être le même dans la Garonne et dans le Rhône. Dans le premier fleuve, l'eau ne pouvant pénétrer les parois extérieures du vase où l'eau est contenue, réagit contre le filtre; dans le Rhône, ainsi que dans toutes les rivières où la résistance des parois est très-faible, la pression pousse les eaux à la fois et dans les profondeurs du lit du fleuve, et dans l'épaisseur des rives si perméables dont nous avons parlé. C'est ainsi que se forment les eaux souterraines que l'on observe dans les plaines de l'Isère, dans les plaines du Danube, dans les plaines du Rhône, sur une partie du sol de la Basse-Egypte; enfin, à côté de toutes les rivières où la résistance des parois des rives est faible, comparativement à la hauteur des eaux dans leur lit. Ces eaux sont quelquefois en quantité telle que, dans le Rhône, par exemple, on leur a donné, à bon droit, le nom de Rhône souterrain. Il arrive que, lorsque ces cours d'eaux souterraines sont grossis par les pluies, ils donnent de l'eau aux rivières qui sont à l'étiage, puis ils leur en retirent lorsque ces eaux s'élèvent au-dessus; ce fait, souvent observé, a fourni à M. Fournet son ingénieuse théorie de la température propre aux eaux du Rhône.

Ce gravier si perméable qui s'étend sur la rive gauche du Rhône, DEPUIS VILLETTE JUSQU'AU-DESSOUS DE LYON (68), se porte sur la rive droite, au-dessus de Miribel, fort

---

où passait celui-ci, pour se rendre dans la Méditerranée ou dans l'Océan, avant d'avoir *creusé son lit au travers du diluvium* dont il s'agit? — Autre question : le gravier des couches profondes qui composent ce *diluvium* a été *lavé depuis des siècles*, dit M. Prunelle; mais avec quel liquide ce lavage a-t-il été opéré? Serait-ce avec de l'eau distillée, comme celle dont se servent les chimistes dans leurs opérations? Oh! alors ce gravier doit être propre; mais, si c'est avec de l'eau du Rhône, presque toujours trouble et souvent bourbeuse, c'est tout différent, et, au lieu d'être propre, ce gravier pourrait bien être, en beaucoup d'endroits, garni de limon, que l'eau du fleuve y aurait laissé.

(68) Ne faut-il pas admirer le soin avec lequel la main de la Provi-

avant dans l'intérieur des terres, où il amène des cours d'eaux entiers qui disparaissent au moment de l'étiage pour se montrer ensuite plus loin. Il existe, sur cette même rive droite, un fragment de ce même terrain, à 4 kilomètres environ en amont de Lyon, AU LIEU DIT LES PETITS-BROTTEAUX (69).

Les troubles dont se charge si souvent le Rhône se composent, en été, de sables siliceux et micacés, tant que les crues de l'Arve et de l'Ain n'y ajoutent pas des matières argileuses. Les terres dont ces troubles se composent sont incessamment balayées par le courant, pour former, à l'embouchure du fleuve, la barre qui en défend l'entrée, et, dans le golfe de Lyon, les ensablements qui encombrent les ports de cette partie de la Méditerranée. Pendant que les choses se passent ainsi, le niveau du lit du Rhône demeure invariable, comme une démonstration permanente du peu de fondement de ces craintes d'engorgement que l'on a manifestées sur des changements dans l'action capillaire des filtres. Le gravier qui fonctionne comme tel, à Lyon, est d'une formation diluvienne qui remonte bien au-delà des temps historiques : IL Y A DES MILLIERS D'ANNÉES QUE LES CAPILLAIRES DE CE FILTRE SERAIENT ENGORGÉS (70) s'ils avaient eu à l'être. On n'a réfléchi ni à l'époque de la formation

---

dence a placé *ce gravier si perméable* du diluvium tout juste *depuis Villette* (situé à quatre ou cinq lieues de notre ville), *jusqu'au dessous de Lyon*, pas plus haut ni plus bas, mais exactement là, pour fournir à M. Prunelle un moyen unique de filtration, ou plutôt d'argumentation ?

(69) Il est bien clair que nous devions nous attendre à trouver *un fragment de ce même terrain* providentiel (que pourtant le Rhône, sans respect, entraîne ou diminue tous les jours) existant au lieu où a été creusé le puisard d'essai du Petit-Brotteau, afin de justifier la désignation faite par M. Prunelle de cet emplacement pour un établissement définitif, — quoi qu'ait pu dire de peu favorable sur ce puisard une Commission de savants spéciaux, désignés par la commission municipale des eaux elle-même, dans un rapport officiel du 30 septembre 1845.

(70) Mais pour que les tuyaux capillaires de ce terrain perméable (et non pas de ce filtre) pussent être engorgés, il faudrait que partout l'eau du fleuve qui s'y serait infiltrée en fût extraite ; or, ce n'est pas ce qui a lieu pour celles que la force de pression a fait parvenir et maintient dans la région du sol inférieure au niveau du fleuve, le long de son cours. L'eau du Rhône infiltrée reste dans le terrain d'où on ne l'extrait pas, comme un liquide quelconque reste dans une éponge qu'on ne presse pas.

du *diluvium* alpin QUI A COUVERT NOS ENVIRONS (71), ni aux masses d'eau qui le TRAVERSENT (72) sans encombre depuis tant de siècles, lorsqu'on a comparé cette formation à celle de l'atterrissement sur lequel le fitre de Toulouse est assis. N'avait-on pas, d'ailleurs, à Lyon, l'exemple des puits QUI NE TARISSENT JAMAIS (73)? En creusant, aussi souvent qu'on le fait, les bancs de gravier du littoral du Rhône, Y A-T-ON TROUVÉ QUELQUES TRACES DE LIMON (74), etc., etc.?

Ce ne sont pas là, Messieurs, DE SIMPLES HYPOTHÈSES (75); ce sont des faits constants, que vous pouvez vérifier à toute heure. Examinez si, dans toute la partie de la ville comprise entre le Rhône et la Saône, l'eau, à l'exception de quelques points d'affleurement granitique, ne se trouve pas partout, à la même profondeur, toujours limpide, toujours près de la température moyenne de la terre, toujours

---

— Quant à de prétendus courants souterrains qui existeraient çà et là dans les terrains à proximité du fleuve, ce sont de pures hypothèses, des suppositions qu'on peut faire à loisir, mais dont rien ne constate la réalité.

(71) Voilà qui ne se rapporte plus apparemment au précieux *gravier si perméable qui s'étend depuis Villette jusqu'au dessous de Lyon*, et dont un fragment, suivant M. Prunelle, existe précisément aux Petits-Brotteaux ; ce dernier énoncé ne peut se rapporter qu'à l'immense dépôt de terrain de transport, qui a en effet *couvert nos environs* dans la période tertiaire, et formé le promontoire de la Croix-Rousse, la butte de Fourvières, les collines de Sainte-Foy, d'Yrigny, les plateaux de Chaponost, de Saint-Cyr, etc., etc.

(72) Qui l'*imprégnent*, oui, c'est incontestable ; qui le *traversent*, non.

(73) *Ils ne tarissent jamais*, tant qu'on n'en extrait qu'une quantité d'eau limitée, et que le Rhône n'est pas à l'étiage.

(74) Certainement, et presque partout. Que M. Prunelle aille donc voir creuser, par l'emploi de la drague, les parties des fossés des forts qui ne sont pas assez approfondies ; il verra retirer de la vase, où se trouvent des matières végétales jadis déposées, et maintenant enfouies avec les matières terreuses.

(75) Non : ce sont des erreurs positives.

en quantité inépuisable. CE FILTRE SOUTERRAIN CONTINU (76) que signalait l'existence de nos puits, les travaux du génie militaire, dans la plaine des Brotteaux, l'ont démontré de la manière la plus complète. Des tranchées souvent très-profondes ont été ouvertes dans toute la largeur de cette plaine ; au-dessous de quelques centimètres de terre végétale ON N'A TROUVÉ QUE LE GRAVIER (77) ; et du moment qu'on

(76) Il importe de faire remarquer, avant la fin de ce chapitre, qu'il y a dans la contrée lyonnaise deux faits distincts, que M. Prunelle a constamment confondus par inadvertance, ou par ignorance; ce sont : — 1° l'existence d'un prodigieux amas de couches, tantôt superposées, tantôt enchevêtrées, de galets, de sables, de graviers, résultant de phénomènes géologiques dont Dieu seul a été témoin, et attestant que dans les premiers âges du monde, notre contrée a été submergée jusqu'à une grande hauteur, puisque la limite supérieure de ce terrain de transport s'élève au-dessus de Fourvière, jusqu'au pied des montagnes lyonnaises; — 2° l'existence infiniment moins ancienne, quoique l'étant beaucoup, du terrain d'alluvion successivement formé par les diverses sortes de dépôts du Rhône, tout le long de son cours, même à une distance qu'il n'atteint plus dans ses débordements actuels, mais qu'il atteignait dans son état ordinaire, à une époque où tous les fleuves de l'Europe, probablement alors presque entièrement couverte de forêts, roulaient un volume d'eau bien plus considérable que de nos jours.

(77) M. Prunelle a écrit ceci dans son cabinet, sans être allé voir sur les lieux les choses dont il est question. S'il eût pris cette précaution, il se fût convaincu du contraire de cette assertion si absolue: *au-dessous de quelques centimètres de terre végétale*, ON N'A TROUVÉ QUE DU GRAVIER. Il eût vu, comme tous les promeneurs qui affluent là le dimanche, — que le terrain est loin d'être homogène sur une étendue un peu considérable, — que les talus qui sont restés dénudés montrent, sur beaucoup de points, des alternances de couches de gravier et de couches de vase sablonneuse, — enfin que, sur des espaces assez longs, la partie supérieure de la chaussée, devenue promenade avec deux rangs d'arbres, a été formée par les déblais de cette couche vaseuse, ce qui in-

est arrivé à une profondeur de 2 mètres environ, les tranchées se sont immédiatement remplies d'une eau fraîche, limpide et tellement abondante, que les épuisement tentés y sont devenus impossibles, et que, sans le secours de la drague, le creusement complet des fossés des forts n'eût pu se terminer. Depuis ce creusement, L'EAU S'EST CONSTAMMENT MAINTENUE DANS CES MÊMES FOSSÉS A 1 MÈTRE, QUELQUEFOIS A 1 MÈTRE 50 AU-DESSUS DU NIVEAU OÙ SE TROUVE LE FLEUVE DANS LE POINT LE PLUS RAPPROCHÉ (78). Cette différence, observée également dans les puits de Veau-en-Velin et de Villeurbanne, est trop grande pour être un effet simple de capillarité. La filtration s'établit donc d'un point plus élevé; elle est si abondante, que LES EAUX SE

---

dique qu'elle était dans la partie inférieure de la tranchée, car, lors de l'exécution de ce travail, la chaussée-promenade s'élevait à mesure que le fossé se creusait.

(78) Ce fait là peut et doit être vrai dans certaines circonstances. Par exemple, lors d'une crue du Rhône de 3 ou 4 mètres, ce supplément de volume dans le lit du fleuve, constituant une puissance de charge énorme, doit faire élever rapidement le niveau des eaux qui s'infiltrent dans les terres adjacentes. Mais, quand le contraire arrive, quand le Rhône redescend à la hauteur qu'il avait avant la crue, d'où viendrait la force de pression qui repousserait dans le lit du fleuve la quantité d'eau que la grande élévation du courant avait fait pénétrer dans le sol? L'exhaussement du niveau de l'eau dans les fossés des forts et dans les puits de la plaine doit donc durer beaucoup plus longtemps que celui de l'eau en écoulement dans le lit du fleuve. — C'est probablement cette circonstance qui a donné lieu de parler du fait que M. Prunelle a présenté comme étant permanent, ce dont il est permis de douter, jusqu'à ce que sa permanence ait été constatée par des opérations directes de nivellement, faites en temps de hautes, de moyennes et de basses eaux. Au surplus, cette différence de niveau, si elle existait d'une manière constante, pourrait être attribuée, avec une grande apparence de raison, à la couche annuelle de 0m80 d'eau pluviale qui, répandue sur une plaine à peu près horizontale et très-perméable, doit s'y infiltrer en presque totalité, et peut-être aussi, pour une certaine part, à des eaux provenant du plateau dont le versant occidental porte le nom de Balmes Viennoises.

RENOUVELLENT SANS CESSE DANS LES FOSSÉS DES FORTS (79); qu'il en est même où LES EAUX ONT UN COURANT PRONONCÉ (80). Ainsi, Messieurs, ces fossés qui menaçaient de convertir les Brotteaux en une autre Mantoue, sont devenus, en raison de la constitution géologique du sol, UN VÉRITABLE MOYEN D'ASSÈCHEMENT (81) et de salubrité.

En 1840, les puits dont la maçonnerie put résister à la pression des eaux de l'inondation, CONTINUÈRENT A FILTRER DE L'EAU LIMPIDE (82), toutes les fois cependant que les eaux de l'inondation ne pénétrèrent pas par les ouvertures supérieures.

Deux questions restent à éclaircir dans la question du filtrage des eaux du Rhône, savoir : le produit des surfaces filtrantes et l'épaisseur à donner aux masses filtrantes pour que la filtration s'opère.

Nous avons déjà dit que, dans le puits de l'Hôtel-Dieu, (83) une surface filtrante

---

(79) Il n'y a aucune apparence, et surtout aucune constatation de ce fait.

(80) Pourquoi M. Prunelle ne les désigne-t-il pas, s'il les a vus? Ou pourquoi ne nomme-t-il pas les personnes dignes de confiance qui lui ont donné ce renseignement? — Jusqu'à preuve positive, on doit nier qu'il y ait des fossés des forts dans lesquels il existe *un courant prononcé*, excepté toutefois celui près de la Guillotière, qui reçoit un cours d'eau venant des environs de Décines, lequel, en en sortant pour se jeter dans le Rhône, a un volume semblable à celui qu'il avait en y entrant.

(81) Pour que ces fossés fussent devenus *un moyen d'assèchement*, il faudrait qu'ils eussent fait disparaître des marais; or, jamais M. Prunelle n'a pu voir, aux lieux où ils ont été exécutés, ni marais, ni rien qui y ressemble. Le terrain superficiel y était *sec* et *très-sec*, comme il est d'ailleurs dans toute la plaine autour des forts.

(82) Ceci est loin d'être exact, du moins pour un grand nombre de puits; et si l'on veut recueillir des renseignements qui démentent cette assertion, sur un seul point peu étendu des Brotteaux, on n'a qu'à aller rue de Sèze n° 1, rue Duguesclin n° 3, cours Trocadero. n°s 2, 7, etc.. etc.

(83) La page qui commence là (portant le n° 30 dans le rapport original), est une des plus monstrueuses, par les faux calculs et même les faits faux qu'elle contient, relativement à trois puisards, dont le produit

d'environ 20 mètres carrés, donnait UN PRODUIT DE 14,400 HECTOLITRES EN VINGT-QUATRE HEURES, soit 1,076 LITRES PAR CENTIMÈTRE CARRÉ.

LE PUISARD DE LA TÊTE-D'OR, QUI A 36 MÈTRES DE SURFACE ET DONT LE DÉBIT EST DE

---

est présenté par M. Prunelle comme garantie du système qu'il propose.

Après avoir donné au puisard de l'Hôtel-Dieu 20 mètres carrés de surface filtrante, dans les exemplaires primitifs (tels que celui qui a servi pour la présente réimpression), sur lesquels le Conseil municipal de Lyon a été appelé à délibérer, M. Prunelle l'a réduite à 10 mètres dans les exemplaires qui ont été brochés et distribués postérieurement à la délibération, avec une nouvelle page 30, rectifiée en quelques points, notamment en ce qui concerne le merveilleux produit d'une galerie d'infiltration dans l'atterrissement du Petit Brotteau. En second lieu, le chiffre 1076 litres par centimètre carré ne se rapporte absolument à rien. Enfin il n'est pas vrai que ce puisard *donne un produit de 14,400 hectolitres en 24 heures*, soit 60,000 litres par heure. En effet, on fait marcher ordinairement les pompes mues par la vapeur 5 heures par jour, au lieu de 24, et pendant ce temps elles élèvent 30 mètres cubes dans un réservoir situé à 30 mètres de hauteur, et une quantité à peu près semblables à 10 mètres, ensemble 60 mètres cubes, ce qui fait seulement environ 12,000 litres par heure, *au lieu de* 60,000. Quelquefois les appareils fonctionnent une heure ou deux de plus, pour des besoins du moment, mais toujours suivant la même marche régulière.

Pour énoncer sans hésitation dans un travail officiel un fait aussi positif que le produit *actuel* de 14,400 hectolitres par jour, sur quoi s'est fondé M. Prunelle? A-t-il demandé, a-t-il fait faire quelque essai d'un fonctionnement continu de plusieurs semaines, ou de plusieurs jours?.. Aucun. Depuis deux ans bientôt, les pompes n'ont pas fait autre chose que leur travail quotidien, de 5 à 7 heures, consistant à extraire du puisard environ 600 hectolitres en 5 heures, ou 720 en 6 h., ou 840 en 7 h., ou enfin (pour faire un nombre rond), en 8 heures 960 à 1,000 hectolitres, *et non pas* 14,400, ce qui est fort différent. Le seul fait qui pourrait donner une indication, assez peu approximative, est celui-ci : Dans l'automne de 1844, on a fait curer et approfondir ce puisard; il a donc fallu épuiser à peu près l'eau, pour que les ouvriers y pussent travailler; deux des trois pompes existantes ont suffi pour cela. Ces deux pompes, exactement semblables, ont un mouvement de 20 coups de piston par minute, et donnent chacune 9 litres 1/2, à chaque coup de piston, ce qui fait pour leur travail collectif 3 hectolitres 80 par minute, 228 par heure et 5,472 par jour, *au lieu de* 14,400, c'est-à-dire environ le tiers. Le fonctionnement de ces deux pompes ne laissait pas plus de 10 centimètres d'eau dans le puisard; donc il l'épuisait; or l'époque où ce résultat avait lieu n'était pas celle des basses eaux du fleuve, et, en temps d'étiage, la pression du Rhône étant infiniment moins forte, eût fait pénétrer dans le puisard une quantité d'eau infiniment moins considérable.

Voilà pourtant la justesse d'une des principales bases du travail de M. Prunelle.

(84) Les énoncés relatifs au puisard de la Tête-d'Or dépassent tout ce qu'on peut imaginer, même après les rectifications qui précèdent. D'abord, chaque centimètre carré de terrain perméable formant le fond de ce puisard, *donne*, suivant M. Prunelle, 6,228 *litres par* 24 *heures*, soit 4 litres 1/4 par minute. Cela est-il présumable? Un centimètre carré, un espace à peu près égal à la surface de l'ongle du petit doigt, peut-il laisser écouler 4 litres 1/4 par minute? Mais cet espace n'est pas vide comme l'intérieur d'un tube ou d'un conduit quelconque qui aurait un tel diamètre. Et dans le cas supposé par M. Prunelle, chacun des centimètres carrés de toute la surface du terrain formant le fond du puisard, donnerait à la fois et constamment 4 litres 1/4 !

Dans la page 30 qui a été réimprimée, après le vote du Conseil, M. Prunelle a supprimé le chiffre relatif à la quantité donnée par centimètre carré; mais il a conservé les autres. C'est donc avec réflexion qu'il a dit : *Le puisard de la Tête-d'Or* A 36 *mètres de surface, et* DÉBITE 224,000 *hectolitres en* 24 *heures.* — Mais 224,000 hectolitres font un peu plus de 22 millions de litres; or, puisque M. Prunelle n'en destine que 30 millions à toute l'agglomération lyonnaise, sur lesquels même

Le puits de M. Guinon, qui a 3 mètres de surface, donne 750,000 LITRES EN VINGT-QUATRE HEURES (85), 2,500 litres par centimètre carré.

---

il y en a seulement 18 pour la ville de Lyon, et puisque voilà un puisard tout trouvé, tout fait, qui en débite plus de 22, à quoi bon s'occuper d'autre chose? Est-ce qu'il n'y aurait pas moyen d'acquérir cet excellent puisard de son heureux propriétaire? La ville de Lyon, à qui l'on destine 18 millions de litres, les aurait tout de suite ; quant aux communes suburbaines, elles auraient déjà 4 millions 1/2, ce qui est plus que rien, et ce qu'elles voudrajent bien, sans doute, accepter en attendant mieux. Plaisanterie à part, conçoit-on qu'un énoncé si positif, et (l'on s'en doute bien) si peu conforme à la quantité réellement débitée par un tel puisard, se trouve dans un travail sérieux, dans un rapport officiel? — Mais, en tous cas, quelqu'un peut-il prévoir ce qui reste à dire, à ce sujet? *Ce puisard* QUI A 36 *mètres de surface, ce puisard* QUI DÉBITE 224,000 *hectolitres* (22,400,000 litres) *en* 24 *heures*, ce puisard N'EXISTE PAS!!! Il n'y a pas plus de puisard à la Tête-d'Or, qu'il n'y en a dans la chambre de M. Prunelle, dont le devoir était pourtant, par respect pour le Conseil et pour le public, de ne rien hasarder, (de ne rien inventer surtout), sur des faits locaux présentés comme base de conclusions et propositions pour faire faire par la ville de grands travaux, par conséquent de grandes dépenses. Un ancien fermier de la Tête-d'Or, il y a environ dix ans, après avoir essayé d'arroser certains fonds par l'emploi d'une pompe à feu tirant l'eau d'une excavation sans maçonnerie, appelée dans la localité *boutasse*, s'est empressé presque aussitôt de renoncer à ce moyen trop coûteux d'irrigation, et de faire combler ladite *boutasse*, dont il ne reste pas vestige, dont une partie même du personnel actuel de la ferme n'a jamais eu connaissance. C'est probablement sur quelques mots en l'air, relatifs à cette ancienne *boutasse* que M. Prunelle a bâti son histoire du puisard débitant actuellement 22,400,000 litres par 24 heures.

(85) Le troisième des puisards-types de M. Prunelle, celui appartenant à M. Guinon, rue de Condé, aux Broteaux, qui donnait 750 *kilolitres*, par 24 heures, dans les exemplaires primitifs du rapport, sur

naturellement la puissance filtrante, obéissant à de plus hautes pressions, devait être plus grande sur la rive gauche que sur la rive droite; cette puissance filtrante varie à chaque instant sur les rives du Rhône : ce qui n'est pas une raison pour aller chercher à Toulouse les dimensions de la galerie filtrante que l'on voudrait construire à Lyon. Que le produit de la galerie de Toulouse fût plus faible, ou plus grand, peu importe. La constitution géologique du terrain est toute différente; à Toulouse, on trouve la vase en creusant à une profondeur médiocre; A LYON, LA VASE EST AU-DESSUS DU GRAVIER (86), donc la formation est antérieure au dépôt vaseux qu'amènent les inondations.

La largeur de la galerie d'infiltration proposée par la Compagnie Dumont est de 1 mètre 50 centimètres, la longueur de 1,700 mètres; la filtration ne s'opérant que par le radier, c'est 2,550 mètres de surface filtrante, qui, en prenant pour base la puissance filtrante du sol du puits de l'Hôtel-Dieu, donneraient UN PRODUIT DE 27,438,000 MÈTRES CUBES EN VINGT-QUATRE HEURES (87), c'est-à-dire un produit 81 fois

---

lesquels les membres du Conseil municipal ont eu à former leur opinion pour émettre un vote, a réduit tout d'un coup son débit des neuf-dixièmes, pour les lecteurs non appelés à voter; il n'a plus donné que 750 *hectolitres*, c'est-à-dire *dix fois moins*, dans la feuille recomposée et réimprimée après la délibération du Conseil, — qui a été, comme on le voit, bien exactement renseigné !

(86) A Lyon, contrairement à cette assertion de M. Prunelle, la vase n'existe pas en une couche unique et régulière: elle se trouve çà et là, formant des couches plus ou moins étendues *à tous les niveaux* dans le sol. Par exemple, dans l'atterrissement du Petit Brotteau, non loin du puisard Dumont, l'eau du puits du sieur Bouchet, dont le fond se trouve dans une couche vaseuse, a une saveur fade, tandis que celle du puits du sieur Voirin, dont le fond est dans du gravier passablement pur, n'a pas une semblable saveur. D'autres faits analogues existent par milliers.

(87) Un journal de Lyon a déjà signalé le fabuleux résultat de l'ardeur mise par M. Prunelle à doter de puissance filtrante une galerie de 1 m. 50 de large, projetée au Petit-Brotteau. Le produit qu'il lui attribue, et qu'il a inscrit dans les exemplaires de son rapport qui ont précédé la délibération du Conseil, savoir, 27,438,000 *mètres cubes par* 24 *h.*, c'est ni plus ni moins que 4 fois 1/2 le volume en été de la Saône, qui débite

plus grand que les quantités demandées; le radier se trouvant établi à 2 mètres au-dessous de l'étiage, la galerie d'infiltration, à cette époque, contiendra toujours au moins une réserve de 12,250,000 litres.

Quant à l'épaisseur à donner aux masses de gravier au travers desquelles la filtration s'opère, M. Fournet a constaté, sur la digue de la Vitriolerie, que les 30 mètres d'épaisseur de cette digue à sa base suffiraient pour produire, du côté opposé au fleuve, une eau d'une limpidité et d'une fraîcheur parfaites; les masses filtrantes qui desservent les puits du quai du Rhône ont souvent une épaisseur moindre encore; le puits de l'Hôtel-Dieu est à 45 mètres du parapet du quai; le puits que vient de creuser M. Vidalin, dans le faubourg de Bresse, est à la même distance; le puisard Dumont est à 32 mètres du fleuve. Ces épaisseurs, bonnes pour des puits qui ne sont pas appelés, pour la plupart, à fournir, d'une manière continue, une grande masse d'eau, sont plus que suffisantes. Il serait toutefois imprudent d'y compter avec une fourniture aussi considérable que celle dont Lyon a besoin. On doit se rappeler que toute la filtration doit se faire dans la galerie par une sorte de syphon renversé, qui donnera essentiellement l'eau existante dans les bancs de gravier qui forment le lit du fleuve.

D'après tout ce qui vient d'être dit, IL RESTE PROUVÉ (88) que les eaux du Rhône, filtrées naturellement, abondent de toutes parts, et qu'elles possèdent toute la limpidité désirable.

Il est facile de juger, par tout ce qui vient d'être dit, que la question des eaux n'est plus au point où elle se trouvait en 1843. Les partisans les plus prononcés des eaux de sources ne soutiennent plus, avec M. le maire de Virieu-le-Grand, que

---

70 m. c. par seconde à l'étiage, et c'est plus que le volume du Rhône en hiver, lequel roule, à l'étiage, suivant M. l'ingénieur en chef Bouvier, 250 m. c. par seconde, à la Guillotière. — Moïse n'a fait jaillir qu'une source d'un rocher, M. Prunelle fait sortir un fleuve d'une étroite galerie !

Après cette inqualifiable exagération (qui n'a été, plus ou moins bien, rectifiée dans la 2e édition de la page 30, qu'à la suite de la publication du journal dont il vient d'être fait mention), vaut-il la peine de faire remarquer que les chiffres qui suivent dans le même paragraphe, sont tous fautifs et n'ont aucune concordance entr'eux? Par exemple, une couche d'eau de 2 mètres dans une galerie telle que celle en question formerait un volume de 5,100,000 litres et non de 12,250,000.

(88) Au lieu de *prouvé*, lisez : *allégué par M. Prunelle.*

LES EAUX DU RHÔNE DONNENT DE LA DISPOSITION AU GOÎTRE (89), *et que cette disposition va en s'atténuant proportionnellement à la quantité d'eau de sources que lui apportent ses affluents.* Ils conviendraient peut-être même que l'une des plus belles populations de la France est celle qui boit les eaux du Rhône; au moins ne disent-ils plus que les eaux du Rhône ne peuvent devenir ni des eaux potables, ni des eaux propres à la teinture : ils n'affirment donc pas davantage que la filtration en est impossible (90) ; ils se contentent aujourd'hui de nier qu'on puisse obtenir les eaux du Rhône à une température différente de celle qu'elles ont dans le lit du fleuve. Ce point de la question, en effet, a toujours été celui qui a présenté les plus sérieuses difficultés.

3° Température.

La température des eaux de sources ne varie, en général, que de quelques fractions de degré par tous les extrêmes de température atmosphérique, la température de ces eaux se tenant toujours à une faible distance de la température moyenne de la terre, qui est dans nos climats à + 12°, 50. Cette température des sources constitue ce qu'on nomme en été la *fraîcheur* de l'eau; qualité justement recherchée dans les pays chauds, où l'usage de l'eau fraîche n'est pas seulement un objet d'agrément, mais un moyen hygiénique. A Malte, à Naples et dans toute les villes de Sicile, on vend, en été, de l'eau glacée, à un prix si bas, que cette eau est à la portée des ouvriers les plus pauvres. En Egypte, où la glace des monts Liban n'arrive que pour les puissances du pays, on obtient l'eau, sinon glacée, du moins très-fraîche, en la conservant dans les *alcaraças* ; ce sont des vases en terre cuite assez poreuse pour laisser transsuder incessamment à leur surface des gouttelettes d'eau qui, en se vaporisant rapidement, abaissent considérablement la température dans l'intérieur de l'*alcaraças*. On retrouve les *alcaraças* en Andalousie; on a essayé infructueusement d'en introduire l'usage en France : notre climat n'est pas assez chaud pour évaporer l'eau qui transsude au travers des pores de l'*alcaraças*, d'une manière assez rapide pour que les corps ambiants ne rendent

---

(89) Les causes du goître sont obscures, et probablement multiples, comme celles des autres affections ou altérations scrofuleuses. C'est un sujet trop grave pour être traité incidemment : ni M. Dupasquier , ni M. Terme ne l'ont abordé dans leurs ouvrages sur les eaux.

(90) Ils peuvent, avec raison, affirmer que la filtration *parfaite* en est impossible dans les proportions de quantité indiquées par M. Prunelle.

pas immédiatement aux eaux contenues dans ce vase, la chaleur qu'elles ont perdue par la vaporisation des gouttes qui humectent continuellement les parois extérieures de l'*alcaraças*.

L'importance d'une boisson fraîche est sans doute beaucoup moins grande dans nos climats tempérés, où, pendant quatre mois seulement de l'année, il est très-agréable, SINON UTILE (91), de boire de l'eau fraîche. La température des eaux de rivières, sans être la même que celle de l'air atmosphérique, s'en rapproche toujours plus ou moins. Ce n'est que pendant les mois d'octobre et d'avril qu'il y a égalité de température entre les eaux du Rhône et les eaux de sources ; du premier au second de ces mois, la température des eaux du fleuve s'abaisse quelquefois à + 4°, celle des eaux de source restant à + 12°, 50 ; DE MAI EN SEPTEMBRE, LA

---

(91) M. le docteur Prunelle nie ici, en passant, l'*utilité* de l'eau fraîche, en été. Or, pour montrer combien il est, à ce sujet, dans l'arriéré et dans le faux, il suffit de citer les avis émis officiellement par des hommes de science et de conscience, dont s'honorent les corps médicaux et scientifiques auxquels ils appartiennent.

Opinion du Conseil de salubrité de Lyon : « .... Pour entretenir les forces « digestives, il conviendra de boire, pendant les repas, du vin sortant « de la cave avec de l'eau fraîche. Rien n'affaiblit autant l'estomac, et « ne dispose plus aux indigestions, que des boissons rendues tièdes par « la température de l'atmosphère. *L'usage des boissons froides doit donc « être considéré comme* TRÈS-UTILE *durant les chaleurs.* »

Opinion d'une Commission de la Société de Médecine, adoptée par cette Société : « ..... Nous placerons ici une réflexion que nous regardons « comme fort importante; elle est relative à la fraîcheur de l'eau. *Cette qua-« lité mérite la plus grande attention*, car elle suffit bien souvent pour faire « digérer une eau de mauvaise qualité, pendant que la tiédeur rendra « la meilleure eau nauséeuse et indigeste. »

Opinion de la Commission scientifique, créée par M. le Préfet, en 1838 : « ..... Les boissons fraîches, pendant la saison chaude, ne sont pas seu-« lement un plaisir du goût, C'EST UN BESOIN IMPÉRIEUX POUR LA SANTÉ : « elles soutiennent les forces de l'estomac, que les grandes chaleurs « affaiblissent, etc. »

Eh bien ! ces textes sont-ils suffisamment positifs ?

TEMPÉRATURE MOYENNE DE L'EAU DU RHÔNE EST DE + 15 à 18° (92), ainsi qu'il résulte des observations de M. Fournet, qui a observé ces températures pendant six années consécutives.

Il y aurait ainsi quatre mois d'été pendant lesquels l'eau du Rhône aurait besoin d'être ramenée à la température de + 15°, limite posée à la température des eaux potables par la Commission préfectorale.

Ce résultat est-il possible à obtenir ? Assurément il n'y aurait aucun doute à élever s'il ne s'agissait que de quantités ordinaires. Les eaux de nos puits ne sont, en général, que de l'eau du Rhône filtrée. L'eau est fraîche dans la pompe du port St-Clair, qui n'est éloignée du fleuve que de la largeur du quai ; l'eau est fraîche dans le puits de l'Hôtel-Dieu, qui est creusé à 45 mètres du parapet du quai ; tous les habitants des quais du Rhône en disent autant des puits de leurs maisons. La température des puits de la rue de Condé, aux Brotteaux, qui sont à 60 mètres environ du Rhône, est de + 12 à 13°, quelle que soit la température extérieure.

Mais, lorsqu'il sera question de TIRER 30,000,000 DE LITRES D'UN POINT CIRCONSCRIT (93), le faible diamètre du filtre qui sera traversé par cette quantité d'eau, le peu de séjour que cette dernière pourra faire dans le filtre, permettront-ils à ces masses énormes d'eaux de prendre la température désirée ?

Pour le savoir il faudrait connaître d'avance l'épaisseur à donner au filtre, et l'espace de temps pendant lequel l'eau doit y séjourner pour arriver à la température exigée. On comprend que la durée du temps doit varier comme la température des eaux, qui arrivent dans le filtre à une moyenne qui varie de + 4° à + 21°, avec un volume d'eau qui est toujours le même. LE CALCUL DES TEMPS ÉCOULÉS POUR

---

(92) Que parle-t-on ici de *température moyenne de 15 à 18°* pour les mois de mai, juin, juillet et août, en faisant une compensation entre la température plus ou moins basse des jours pluvieux, et la température élevée des jours les plus chauds de l'été, de ceux où l'eau du Rhône dépasse 23 et même 24° ? — Alors, pour être ramenée à 15°, limite posée en *maximum* à l'eau potable, elle devrait parcourir, en descendant, 8 ou 9° de l'échelle thermométrique, et non pas 2 ou 3, ce qui, en fait de température à perdre, est extrêmement différent.

(93) Il est donc bien positif qu'il s'agit de *tirer* 30,000,000 *de litres par jour d'un point circonscrit*. Cette condition fondamentale ne doit pas être perdue de vue, si l'on veut apprécier successivement l'efficacité des moyens indiqués par M. Prunelle pour la réalisation de son projet.

CHANGER LA TEMPÉRATURE DES EAUX, EST DONC, avec des éléments si variables, sinon impossible, du moins TRÈS-DIFFICILE (94).

Quant à l'épaisseur à donner aux filtres, M. Fournet a fait, pour la déterminer, une série d'expériences dont je vais vous présenter le résultat sommaire.

Ce célèbre géologue a observé, sur le banc de gravier formé dans le courant même du fleuve, au point où il reçoit les eaux de la Saône, que la température de l'atmosphère étant à 0°, 4, et la température des eaux du Rhône à + 4°, 8 en amont de ce même banc de gravier, les eaux filtrées au travers du banc, dans une étendue tantôt de 60, tantôt de 160 mètres, s'élevait à une température de + 7° dans le premier cas, et de + 9°, 8 dans le second. On obtenait toujours une élévation en plus en plongeant le thermomètre plus avant. Ces observations, faites dans le courant même du fleuve, ne laissent aucun doute sur l'action qu'exercent les dimensions du filtre dans l'accroissement de la température des eaux, lorsque cette température se trouve au-dessous de la TEMPÉRATURE MOYENNE DE LA TERRE (95).

Dans les limites connues, la propagation de la chaleur marche de même, dans le décroissement et l'accroissement de la température de l'eau. M. Fournet ne s'en est pas tenu à la théorie ; il a poursuivi ses observations. A la digue de la Vitriolerie, qui est construite en blocs de granit entremêlés de gravier, sur une largeur de 30 mètres à la base des talus et une hauteur de 5 mètres, le 2 août 1844, le thermomètre marquant + 22°, 3 à l'ombre, + 17°, 9 dans l'eau du lit du fleuve + 25°, 8 dans l'eau des flaques du port qui avoisine la digue, l'eau du Rhône, après sa filtration au travers de cette épaisseur de 30 mètres, était descendue à + 13°, 2. M. Fournet, pour éliminer toutes les causee d'erreur qui peuvent se présenter

(94) Ainsi, M. Prunelle reconnaît lui-même, *sinon l'impossibilité, du moins l'extrême difficulté de calculer* les résultats à obtenir du système qu'il propose. — Cela n'est-il pas bien rassurant pour la population ?

(95) Qu'est-ce que veut dire M. Prunelle avec cette expression : *La température moyenne de la terre?* Qui la connaît, cette température *moyenne?* D'abord, la température de la terre, à un mètre au-dessous de la surface du sol, n'est pas la même en tous lieux, c'est-à-dire sous tous les climats ; ensuite, la température de la terre s'augmente d'un degré par chaque 30 mètres de profondeur. Qui a jamais pu dire, dès lors, quelle est *la température* MOYENNE *de la terre?* — L'expression de M. Prunelle ne se rapporte à rien ; c'est un non-sens, ou une bévue.

dans une expérience unique, a répété ses observations *chaque jour* (96) à l'heure la plus chaude, (trois heures de l'après-midi), et du 20 août au 25 septembre inclus, période aussi la plus chaude de l'année. L'eau du Rhône, en traversant le gravier de la digue, a suivi les décroissements de chaleur exprimés dans le tableau suivant; décroissements que la température extérieure de l'air paraît n'avoir influencés que de 4/10 de degré au maximum. Pendant les crues qu'éprouvait le Rhône, la filtration devenait plus rapide, sans que les anomalies de la température augmentassent sensiblement (97).

On voit, par ce tableau, que l'eau de filtration s'est tenue constamment entre le 12 et le 14°; lorsque la température des eaux du fleuve était entre 16 et 21°, et la température atmosphérique entre 19 et 26°. Le décroissement le plus grand de température que la filtration ait produit, est celui du 7 septembre, où, la chaleur de l'eau du courant étant à + 21°, celle de l'eau de filtration s'est abaissée à + 13° 1 ; ce qui fait une diminution de 8 degrés,

---

(96) M. Prunelle se trompe, et son assertion erronée est d'autant plus singulière qu'il a inséré, sept lignesplus loin, dans son rapport, un tableau, que tout le monde y peut lire, lui donnant un démenti immédiat, puisqu'il présente des observations thermométrique faites pendant 28 *jours seulement*, au lieu de 37, du 20 août au 25 septembre, (*période* qui n'est pas du tout, comme le dit M. Prunelle, *la plus chaude de l'année*). On sent que pour l'objet dont il s'agit. il faudrait faire connaître en effet la température de *chaque jour* pendant la période entière, et ne pas supprimer çà et là, tant en août qu'en septembre, 9 jours sur 37. c'est-à-dire le quart de la période.

(97) Ici se trouve le tableau en question, d'où il résulte que dans les 28 jours d'observations, à 3 heures après midi,

La température de l'air a varié de. . . . . 19°3 à 26

Celle de l'eau dans le lit du Rhône, de. . . . . . 16,9 à 21,1

Celle de l'eau infiltrée au travers et au bas de la digue, de 13,1 à 14,3

Mais la température atmosphérique, en août et septembre de l'année pluvieuse 1845, fut loin d'être élevée. Dans les 28 jours d'observation, le thermomètre n'a marqué que deux fois 26°, une fois 25, deux fois 24, et tous les autres jours il s'est tenu en dessous.

Dans l'été de 1846, remarquable au contraire par sa chaleur, des

Il a donc suffi, dans ces expériences, d'un filtre de 30 mètres d'épaisseur sur une hauteur de 5 mètres, pour ramener les eaux, à un ou deux degrés près, à la TEMPÉRATURE MOYENNE DE LA TERRE (98).

Une expérience plus en grand ayant eu lieu au puisard des Petits-Broteaux pour constater la puissance de filtration du *diluvium* dans la plaine du Rhône, on s'en est servi pour faire aussi quelques observations sur les modifications de température que pouvaient éprouver les eaux du Rhône en filtrant pour arriver au puisard. La surface totale de ce dernier est de 890 mètres, et il contient 1,749 mètres cubes d'eau à 1 mètre 80 au-dessus de l'étiage; il est complètement découvert, et ses bords sont chargés, à une hauteur assez grande, d'un gravier blanc très-net. Les observations ont été faites à midi, sans avoir pris la précaution préalable de VIDER LES EAUX ÉCHAUFFÉES (99) par le soleil dans une pareille situation. La température a

---

observations ont été faites au même endroit où avaient eu lieu celles dont il vient d'être question; et elles ont donné un résultat bien différent, qui a été constaté par des personnes que nul ne s'aviserait de démentir.

TEMPÉRATURE		de l'air, à l'ombre.	de l'eau du courant du Rhône.	de l'eau infiltrée au bas de la digue de la Vitriolerie.
1er août 1846,	à 1 heure du soir,	30°	23°	18°
même jour,	à 5 idem,	31	24	19
2 août,	à 6 idem,	28	24	19
4 août,	à 4 idem,	32	25	19 1/2
5 août,	à 7 heures du matin,		21	17
11 août,	à 4 heures du soir,	28	22	18
12 août,	à 7 heures du matin,	20	21	17
même jour,	à 5 heures du soir,	27	22 1/2	18

(98) M. Prunelle répète ici l'inconcevable erreur inscrite à l'avant-dernière page; il est donc bien réellement et bien profondément dans l'ignorance à l'égard des choses dont il s'occupe.

(99) Ceci indique assez clairement que les eaux du puisard des Petits-Brotteaux n'étaient pas extraites d'une manière continue, circonstance qu'il sera curieux de rapprocher de l'affirmation en sens inverse, qu'on trouvera plus loin, et que M. Prunelle a inscrite à la page 54 du rapport original, en ces termes : « *Cette machine a marché, du 14 août jusqu'au 30 octobre 1845,* JOUR ET NUIT, *et a donné* CONSTAMMENT *14,904,000 litres d'eau par vingt-quatre heures* ».

été prise, il est vrai, non-seulement à la surface, mais à 3 mètres de profondeur dans le puisard : précaution qui n'en a démontré que mieux l'action du soleil sur les eaux du puisard et l'insignifiance d'observations thermométriques faites du 28 juillet au 1er octobre, avec un oubli total des circonstances nécessaires pour leur donner de la valeur. Evidemment les eaux du puisard devaient être soustraites à l'action du soleil, puisque l'on voulait faire les observations en plein midi ; et si elle eussent eu lieu de grand matin, il fallait, au préalable, VIDER LE PUISARD, autant que possible, DES EAUX DE LA VEILLE (100), afin d'éliminer la complication résultant de l'action de la température nocturne, sur une masse d'eau en repos.

(*Suit un tableau fort insignifiant, comme le dit M. Prunelle, par conséquent inutile à rapporter, après lequel M. le rapporteur a placé la note suivante*) :

Le tableau ci-dessus a été dressé par un officier polonais employé par la Compagnie des eaux du Rhône. Depuis la lecture de ce Rapport au Conseil municipal, j'ai reçu de M. Dumont une série d'observations thermométriques, *fait par cet ingénieur*, sur la température comparative des eaux du puisard et des eaux du courant du Rhône, avec la température de l'air atmosphérique. Ces observations ont été faites du 28 juillet 1845 au 28 octobre de la même année, tous les jours, aux heures de six du matin, de midi et de sept heures du soir, avec L'INDICATION DES HEURES PENDANT LESQUELLES LA MACHINE A MARCHÉ (101), et la température prise tant à la surface de l'eau qu'à 3 mètres au-dessous. J'ai examiné ces observations qui, quoique paraissant faites avec le plus grand soin, ne donnent pas non plus de résultats positifs. —(*Après la note, M. Prunelle reprend, comme suit, son rapport.*)

En expérimentant ainsi qu'on l'a fait, on est arrivé à trouver, les 2, 3, 4, 5, 8, 9, 11, 12, 13 août, la température du fond du puisard plus élevée d'un degré que la température du courant du Rhône, tandis que cette température devait être plus basse, et qu'en effet, elle a été, dans le plus grand nombre des observations, de deux à trois degrés de moins que dans le courant du fleuve. Evidemment on ne peut tirer aucune conséquence d'observations faites de la sorte. Le 27 février, à dix heures du matin, la température extérieure étant à + 7°, 3, et le temps étant très-serein, la Commission a vu les eaux du Rhône à + 7°, 50, et celle de l'eau du puisard, prise dans le courant déterminé par le jeu de la machine, était à + 10° 50.

---

(100) Ces mots confirment pleinement l'observation contenue dans la note précédente.

(101) Voici un nouvel énoncé, ou plutôt voici *un témoignage* irrécusable, qui détruit l'affirmation de M. Prunelle, relative au fonctionnement continu de cette machine.

Cette expérience, conforme à celles de M. Fournet, est très significative. La température de la nuit, qui s'était abaissée à + 3°, 9, n'avait pu influencer la température des eaux du puisard ; la machine avait marché toute la nuit.

Votre Commission, de même que les adversaires des eaux du Rhône, doute fort que, dans le puisard des Petits-Broteaux, la température pût jamais arriver constamment de la température variable des eaux de rivières à la température fixe des eaux de sources. Ce puisard a été creusé parallèlement au lit du fleuve et beaucoup trop rapproché de ces rives. En le construisant ainsi, on paraît n'avoir songé qu'à déterminer la somme de puissance filtrante inhérente à un volume déterminé de gravier, et ON Y EST PARVENU (102); les eaux du puisard des Petits-Broteaux, sont d'une LIMPIDITÉ PARFAITE, et les eaux du Rhône, pour y arriver, ne traversent qu'une largeur d'environ 35 mètres de gravier : limpidité que j'ai constatée moi-même trois fois dans les premiers jours d'avril 1846, époque où les eaux du Rhône étaient très-troubles. LA SOLUTION DE LA QUESTION DE TEMPÉRATURE RESTE A TROUVER (103).

---

(102) Comment y est-on parvenu, et comment a-t-on établi que *les eaux du puisard des Petits-Brotteaux sont d'une limpidité parfaite*, ainsi que le dit dans la même phrase M. Prunelle? Il aurait fallu pour cela un fonctionnement sous tous les régimes du fleuve, et pendant les intempéries de toutes les saisons; or, c'est ce qui n'a pas eu lieu. — Au surplus, contrairement à l'assertion de M. Prunelle, les membres de la Commission de savants spéciaux, créée le 5 septembre 1845 pour examiner les produits de ce puisard (Commission que M. Prunelle a fait dissoudre aussitôt qu'il l'a pu), ont reconnu que ses eaux, vues d'un œil impartial, n'étaient pas toujours, comme cela est dit ici, *d'une limpidité parfaite*. Cette Commission scientifique, instituée d'après le vœu de la Commission municipale, se composait de :

MESSIEURS,

ROLLAND DE RAVEL, *Ingénieur des ponts et chaussées;*

PIGEON, *Ingénieur des mines;*

FOURNET, *Professeur de géologie à la Faculté des Sciences;*

DUPASQUIER, *Prof. de chimie à l'Ec. de médecine et à la Martinière;*

MOUCHON, *Président de la Société de pharmacie.*

(103) Voici un aveu aussi singulier qu'il est précis : *La solution de la question de température reste à trouver*. Et, malgré cela, M. Prunelle n'en

Evidemment un volume d'eau aussi considérable que celui qui passe du Rhône dans le puisard par des filtrations latérales, ne peut pas y séjourner assez longtemps pour arriver, de la température variable des eaux du Rhône, à la température constante des eaux de sources. Les temps parcourus doivent être pris en grande considération dans l'application de la loi suivant laquelle un corps placé dans un milieu de température différente et constante, revient à la température de ce même milieu. Les auteurs des projets sur la fourniture des eaux du Rhône, ont tous entendu employer cette quantité immense d'eau souterraine qui existe dans toute l'étendue du *diluvium* sur lequel s'est établit le lit du Rhône. La construction du puisard des Petits-Broteaux, telle qu'elle est, favorise beaucoup trop les filtrations horizontales, toujours variables en raison des hauteurs de pression, mais toujours en quantité suffisante pour modifier la température des eaux souterraines qui arrivent par le fond du puisard.

Les eaux souterraines sont à la température des eaux de sources; car celles-ci ne sont aussi que des eaux souterraines. Dans les plaines qui avoisinent le Rhône, chaque fois qu'on creuse la terre à une profondeur de 3 ou de 4 mètres au plus, on trouve de l'eau limpide et se rapprochant de la TEMPÉRATURE MOYENNE DE LA TERRE (104). Une partie de cette température se retrouve dans les eaux des fossés

---

va pas moins provoquer l'adoption d'un système sur lequel plane une telle incertitude, et la réalisation d'un projet qui aurait coûté des millions avant que l'on sût si *la solution* dont il s'agit pourrait être trouvée.

(104) Non pas de la *température moyenne de la* TERRE, que jamais on ne connaîtra, mais de la *température moyenne du* CLIMAT. —Il faut donc apprendre à M. Prunelle, puisqu'il ignore des choses si élémentaires, que toutes les cotes ou observations de température atmosphérique recueillies pendant les 365 jours d'une année, par exemple, dans un même lieu, additionnées au bout de ce temps, puis divisées par leur nombre, déterminent ou indiquent *la température moyenne du climat* de ce lieu. Cette température ne varie que d'une fraction de degré d'une année à l'autre. A Lyon, plusieurs milliers d'observations thermométriques, faites de 1833 à 1839, ont donné à M. Clerc, directeur, de l'Observatoire, le chiffre moyen de 12° 49. Or, comme dans chaque lieu la zône quasi superficielle de l'écorce terrestre, depuis un mètre jusqu'à trente mètres de profondeur, a toujours, par des raisons physiques dont l'explication ici ne serait pas à sa place, une tem-

des forts, toutes les fois qu'elle n'est pas modifiée trop vivement par la température atmosphérique. Les personnes qui se baignent en été dans l'eau de ces fossés, remarquent que l'eau devient plus froide à mesure qu'on s'approche du fond, où elle est plus froide encore et où ON LA SENT SURGIR SOUS LES PIEDS (105). Dans ces fossés, l'équilibre de chaleur entre les diverses couches de l'eau ne se rétablit pas facilement, comme au puisard des Petits-Brotteaux, où les courants qui arrivent du Rhône, à une température bien différente de celle des eaux souterraines, traversent le puisard à toutes les hauteurs, et viennent, par leur volume, dominer la température des eaux souterraines, au lieu d'en recevoir l'influence.

La quantité des eaux souterraines est telle sur les bords du Rhône, qu'elle suffit pour donner aux eaux de ce fleuve une température qui les maintient, tantôt au-dessus, tantôt au-dessous de la température atmosphérique, et qui leur assure, en quelque sorte, une température propre. Ces eaux souterraines alimentent les puits de Lyon, où elles n'arrivent pas le plus souvent sans s'être mélangées avec les eaux de filtration des terres de remblais et des terres imprégnées plus ou moins de matières organiques. OBTENIR LES EAUX SOUTERRAINES SANS MÉLANGE AVEC LES EAUX PROVENANT DES FILTRATIONS HORIZONTALES DU RHÔNE (106), serait comme chose impossible. On limitera la proportion de ces dernières en s'éloignant davantage du Rhône ; on pourra, en allant chercher les eaux souterraines à une profondeur suffisante au-dessous du niveau de l'étiage du fleuve, forcer les eaux fournies par les filtrations horizontales à parcourir, tant horizontalement que verticalement, une étendue

---

pérature égale à la température moyenne du climat, nos puits profonds, nos caves bien faites et nos sources normales, à Lyon et dans la contrée lyonnaise, ont à peu près invariablement 12° 1/2, qui est la température moyenne de notre climat.

(105) Comment peut-on trouver dans un rapport sur un sujet sérieux de pareilles billevesées ? — Que M. Prunelle aille essayer de toucher le fond de ces fossés avec les pieds, en se baignant ; eût-il un mètre de plus de taille, il n'y atteindrait pas sans avoir la tête submergée. Qui donc, dès-lors, a pu dire qu'il a senti, *au fond*, *l'eau surgir sous ses pieds ?*

(106) Vouloir faire une distinction entre les eaux appelées dans ce paragraphe *eaux souterraines* et les eaux provenant des filtrations horizontales du Rhône (*souterraines aussi*), c'est faire de la théorie pure, c'est bâtir un système en l'air, pour le besoin d'une opinion ou d'un projet.

suffisante de filtre. L'eau des puisards ou des galeries filtrantes deviendra, sous le rapport de la température et avec de semblables précautions, DE L'EAU VÉRITABLE DE SOURCE (107). Mais, s'il s'agit de galeries filtrantes, elles doivent être recouvertes d'au moins 1 mètre de terre. Parvenue dans les bassins de distribution, l'eau y sera en masse trop grande et n'y séjournera pas assez longtemps pour être rafraîchie ; si les tuyaux en fonte, qui abandonnent rapidement leur excédant de calorique, sont placés dans des égoûts, les eaux contenues dans ces tuyaux prendront la température de l'égoût, et CETTE TEMPÉRATURE SERA TOUJOURS CELLE DES CAVES LES PLUS PROFONDES (108).

Ainsi, que les eaux souterraines du Rhône soient extraites de profonds puisards ou du radier d'une galerie d'infiltration, ELLES SERONT A LA TEMPÉRATURE DES EAUX DE SOURCES DANS LE TUNNEL QUI CONDUIRAIT CES DERNIÈRES A LYON (109). La difficulté, tant pour les unes que pour les autres, est de conserver cette température pendant la distribution, quoique l'eau soit en général un assez mauvais conducteur de la chaleur. Ne nous attendons pas à ce résultat en faisant grimper toutes les eaux possibles à la surface ou dans l'intérieur des murs de nos maisons ; les eaux perdront

---

(107) Ainsi, le dernier terme de la perfection où l'on aspire, c'est d'arriver à *faire*, moyennant toutes les *précautions* indiquées *de l'eau de source*. Quel plus bel hommage pourrait-on rendre à l'eau de source, non pas à celle qui serait l'œuvredes hommes, mais à celle qui est un produit constant de la nature.

(108) En supposant que la température des égoûts soit *celle des caves les plus profondes*, ce qui est loin d'être certain, à cause des nombreuses bouches ou entonnoirs par où les liquides coulant sur le sol pénétreront dans les égoûts avec l'atmosphère extérieure, on peut douter que l'eau qui passera (généralement en assez fort volume) dans les tuyaux métalliques, placés sur des consoles contre les parois de ces égoûts, puisse s'y rafraîchir, alors surtout qu'elle ne s'y arrêtera pas.

(109) Voilà une affirmation qui est vaiment bien extraordinaire, placée deux pages seulement après celle où M. Prunelle a dit si positivement : « La solution de la question de température *reste à trouver* ; » car enfin, l'eau des sources à dériver serait dans le tunnel à la température normale de 12° 1/2, or si les eaux du Rhône avaient cette température, elles ne laisseraient, sous ce rapporrt, rien à désirer, et par conséquent il n'y aurait aucune espèce de *solution* à chercher.

dans ce trajet, quelque précaution qui puisse être prise, une portion de leur température initiale. NE PARLONS DONC PLUS D'EAU FRAICHE UNE FOIS QU'ELLE AURA ÉTÉ ÉLEVÉE DANS NOS HABITATIONS (110); ceux qui la désireront telle, la prendront à la borne fontaine, qui donnera, moyennant les précautions suffisantes, la température initiale de la source.

Ainsi, LES EAUX QUI SERAIENT DEMANDÉES AU RHÔNE, pouvant être fournies par les eaux souterraines que le fleuve entretient sur ses rives, NE POURRONT JAMAIS DIFFÉRER QUE TRÈS-LÉGÈREMENT DE LA TEMPÉRATURE DES EAUX DE SOURCES (111).

6° Distribution.

Nous avons prouvé que l'eau du Rhône était de la meilleure qualité ; que la clarification en était facile, et que sa température même ne pouvait différer que très-peu de celle des eaux de sources; il s'agit de savoir si les eaux clarifiées seront en quantité suffisante : cette quantité, il faut donc la connaître, et pour la connaître, il faut s'occuper du système de distribution : système qui fera nécessairement varier les quantités d'eau à fournir.

---

(110) C'est là une erreur, que M. Prunelle commet parce qu'il n'a pas de notions sur les détails d'un service de distribution, bien entendu, bien établi. Lors même que des matières peu conductrices du calorique ne protégeraient pas, contre la chaleur et contre le froid, les conduits particuliers de distribution, et lors même que ceux-ci ne seraient pas protégés, en outre, par leur placement dans des angles de murs d'escalier, par exemple, où ils seraient recouverts d'une épaisse couche de mortier, il suffirait au consommateur de tenir ouvert, quelques secondes ou quelques minutes, l'orifice de son conduit, pour faire écouler l'eau qui aurait pu séjourner depuis la conduite placée sous le sol de la rue jusqu'à son logement, et pour avoir ainsi, à l'heure de son repas, ou en tout autre moment, de l'eau fraîche, comme à l'origine de la source.

(111) Cette conclusion n'est justifiée d'aucune manière; elle ne repose que sur des conjectures, et elle se trouve d'ailleurs en contradiction directe avec cet aveu échappé à M. Prunelle : « La solution de « la question de température reste à trouver. »

L'économie du temps est d'une considération si grande dans le bon emploi de la vie, qu'il est bien naturel que la première pensée de M. le Maire ait été d'épargner le temps d'une population aussi laborieuse que celle de Lyon, par une distribution d'eau à domicile. Les calculs dans lesquels est entré M. le Maire, ne laissent rien à désirer sur ce point; ces calculs l'ont conduit à considérer la distribution à domicile comme tellement importante, qu'IL LA VEUT EXCLUSIVE (112), et qu'il s'engageait, avec la Compagnie Bonand, à prendre toutes les mesures capables de la faire prévaloir.

Que chaque palais de Gênes, que chaque maison de Londres et même de Marseille, quand cette ville aura les eaux de la Durance, reçoivent un filet d'eau dans les cuisines, dans les salles à manger, dans les lieux d'aisance, etc.; que ce même filet soit ambitionné par les hôtels du faubourg Saint-Germain, je ne vois rien là que de très-naturel; ces palais, ces hôtels, ces maisons ne sont habités que par UNE MÊME FAMILLE, AINSI QUE L'ÉTAIENT LES MAISONS PATRICIENNES, A ROME (113), qui avaient

---

(112) Il y a ici une équivoque. Sans doute, comme homme, M. le Maire de Lyon, qui a étudié profondément le sujet des eaux potables, ainsi que d'autres matières économiques qui se lient à ce sujet, désire que chaque citoyen ait de l'eau à volonté sans sortir de son logement; et, comme magistrat, il était disposé à favoriser la distribution à domicile, mais non pas *exclusivement*; et la preuve, c'est qu'une grande partie des trois millions de litres par vingt-quatre heures, qu'il destinait au service de la ville, devait alimenter des bouches d'eau sur la voie publique, dont il s'est occupé, et a donné même l'énumération dans son Rapport, page 234 et 235 de l'édition in-4°.

(113) M. Prunelle, dans ce passage et dans tout le chapitre sur la distribution, fait preuve d'une profonde ignorance, qui, de la part d'un homme public dans sa position, cause une surprise douloureuse. A l'ignorance des faits, il joint l'ignorance des principes économiques, les plus élémentaires. « *Que chaque maison de Londres*..., dit-il, *reçoive un filet* « *d'eau* dans les cuisines, dans les salles à manger, dans les lieux d'ai- « sances, *je n'y vois rien que de très-naturel*... Ces maisons ne sont habi- « tées que par une même famille, ainsi que l'étaient les maisons patri- « ciennes à Rome. » M. Prunelle croit donc qu'il n'y a dans Londres que des familles de patriciens et de riches, et point de familles d'ou-

chacune aussi un bassin d'eau vive dans leur enceinte. Mais cette satisfaction donnée aux familles opulentes n'arrête la distribution publique des eaux nulle part, A L'EXCEPTION TOUTEFOIS DES VILLES DE L'ANGLETERRE (114), où tout est sacrifié aux intérêts de quelques Compagnies puissantes. A PHILADELPHIE, où l'eau du Shuilkill est portée à tous les étages de chaque maison, IL Y A DES FONTAINES PUBLIQUES SUR TOUTES LES PLACES (115); la ville de Vienne, qui a fait, sur le Danube, une opération analogue à celle dont nous nous occupons pour le Rhône, a établi 400 fontaines publiques, indépendamment des concessions d'eau faites aux hôtels des grands seigneurs. Au Kaire, chaque maison un peu considérable a sa citerne, dans laquelle l'eau du Nil, après l'inondation, est portée à dos de chameau ; ce qui n'empêche pas de voir, au Kaire, de nombreuses citernes publiques à l'usage des animaux comme à

---

vriers et de pauvres ? Mais, s'il sait le contraire, pourquoi trouve-t-il *très-naturel* que les ouvriers anglais jouissent du confort, par rapport à l'eau, et que les ouvriers lyonnais n'en jouissent pas ? — D'un autre côté, il n'est pas exact de dire que *chaque maison* de Londres n'est habitée que par une même famille. Les affirmations absolues sont presque toujours fausses.

(114) Contrairement à l'assertion de M. Prunelle, il y a dans les villes anglaises des fontaines ou pompes publiques, qui ont préexisté aux modes actuels d'approvisionnement d'eau, et qui, subsistent encore, mais que personne ne songe à augmenter, vu que tout le monde préfère employer le système perfectionné, consistant à recevoir sa provision d'eau moyennant une modique rétribution, qui dispense le consommateur d'une perte de temps et d'une peine corporelle, sans parler de l'obligation d'aller çà et là hors du logis, malgré la pluie, le froid ou la chaleur, — désagréments auxquels on ne peut pas en ce moment échapper, à Lyon.

(115) Voilà une erreur qui n'a pas une grande importance, mais enfin c'est une erreur, et c'est une preuve de l'extrême légèreté avec laquelle M. Prunelle a fait son travail. Quelques *squares* (jardins fermés) et non pas places, de Philadelphie, ont des fontaines de décoration ; mais il n'y a pas dans cette ville d'autres fontaines ou pompes publiques, que celles qui ont précédé l'établissement du service actuel de fourniture d'eau à domicile.

celui des hommes, et dans la construction desquelles l'architecture arabe a déployé toute sa magnificence. Ces *sybils*, ou citernes, sont entretenues d'eau à grands frais par les fondations pieuses des Musulmans, qui ont voulu que le pauvre pût trouver, à toute heure et gratuitement, dans ces citernes, l'eau nécessaire aux besoins de la vie, ainsi qu'aux pratiques religieuses de l'islamisme. A Londres, où chaque maison a aussi une citerne qui emmagasine la provision de deux ou de trois jours, il n'y a point d'eaux publiques ; quiconque aurait besoin de se désaltérer sans acheter de l'eau, MOURRAIT DE SOIF DANS LES RUES DE LONDRES (116).

Le Conseil municipal décidera s'il veut donner la préférence au système musulman, qui pourvoit largement aux besoins du pauvre, ou bien au SYSTÈME ANGLAIS, QUI COMPTE LE PAUVRE POUR RIEN (117).

---

(116) Cette expression à effet manque de base, et M. Prunelle est d'autant moins excusable de dire ceci qu'il a dû lire, à la suite du Rapport de M. le maire, dans une lettre de M. l'ingénieur Pigeon, SUR LES SERVICES HYDRAULIQUES DE LONDRES EN 1843, des détails sur des pompes *placées à la disposition du public. On compte*, dit M. Pigeon, *un assez grand nombre de pompes semblables* (Voyez page 231, édition in-8°). Est-ce que cela n'est pas suffisamment clair? — Ainsi sur ce qui se passe à l'étranger, comme sur ce qui se passe chez nous, sur toute espèce de sujet, enfin, M. Prunelle est toujours dans l'erreur.

(117) Un français qui a habité l'Angleterre, a déjà prouvé, dans un journal de Lyon, que le système anglais, qui fait arriver au domicile de l'ouvrier une large provision quotidienne d'eau pour un *penny* par semaine (5 fr. 20 par an), donnait complètement tort à ceux qui, comme M. Prunelle, parlant d'un ton tranchant des choses qu'ils ignorent, disent tout nettement que le système anglais *compte le pauvre pour rien* ; quand c'est l'inverse qui est vrai, quand c'est justement le système de M. Prunelle qui compte l'ouvrier lyonnais pour rien, ou moins que rien, puisqu'il l'oblige à l'office de bête de somme, pour charrier sa provision d'eau, tout en faisant un grand sacrifice de peine et de temps, par conséquent d'argent. — Au surplus, un homme est jugé sous le rapport de ses connaissances et de ses idées économiques, lorsque, dans l'année 1846, en fait d'améliorations à réaliser chez nous, en les em-

Oui, sans doute, la perte de temps, déjà si considérable avec les distances qu'agrandit la mauvaise configuration de notre ville, est une grave considération dans le calcul des éléments du travail. Celui des manufactures n'est malheureusement pas tellement continu, que l'emploi du temps soit toujours productif. Ce qui doit préoccuper avant tout l'Administration d'une ville manufacturière, c'est d'affranchir l'ouvrier de toute TAXE NOUVELLE (118) qui aurait pour résultat, ou une augmentation de salaire incompatible avec l'écoulement des produits manufacturés ou une diminution dans les profits, qui rendrait moindre la somme d'aisance à laquelle peut être appelé l'homme laborieux qui n'a de ressources que dans le travail de ses mains.

Votre Commission a pensé que l'octroi établi sur des denrées de nécessité première grevait déjà trop péniblement la population ouvrière, sans qu'elle eût à supporter encore la taxe de l'eau. L'eau qui, de même que l'air, s'offre naturellement aux besoins de l'homme, ne semble pas devoir être vendue plus que l'air lui-même. Votre Commission a pensé que, si le devoir des Administrations municipales était d'aérer convenablement les rues, ce devoir s'étendait encore à pourvoir ces mêmes rues de la quantité d'eau nécessaire à tous les besoins des habitants. Ceux d'entre eux qui veulent une plus grande masse d'air, font la dépense d'avoir autour de leurs demeures des cours et des jardins; ceux qui veulent avoir de l'eau plus à leur portée la paieront naturellement, tout comme ils paient déjà, dans la valeur de leurs cours et de leurs jardins, le prix de LA PLUS GRANDE MASSE D'AIR QU'ILS RESPIRENT (119).

---

pruntant à d'autres peuples, il propose de tourner le dos à l'Angleterre, et d'aller en Egypte chercher des modèles parmi les Musulmans !

(118) C'est un étrange abus de mots que d'appeler *taxe*, et d'assimiler à un impôt le prix qu'en toute liberté un consommateur donne d'un objet qu'il reçoit parce qu'il lui plait de le recevoir. Il n'a jamais été et n'a jamais pu être question d'empêcher les ouvriers et tous autres habitants de continuer à se servir des pompes et fontaines publiques. Cela ne serait pas plus raisonnable qu'il ne l'est, de la part de M. Prunelle, de vouloir mettre obstacle à ce qu'un artisan ou un ouvrier reçoive chaque jour, sans sortir de chez lui, une large provision d'eau, moyennant une rétribution à peine égale, ou même inférieure, à ce que coûte dans un ménage la pitance du chat.

(119) Il est certain qu'il n'y a pas à se mettre en peine des riches :

Votre Commission a donc admis le système des fontaines publiques et rejeté le système anglais. Elle a cru devoir le faire, non pas seulement dans l'intérêt des ouvriers, mais dans l'intérêt le mieux entendu des propriétaires, qui verront baisser le prix des loyers toutes les fois que des taxes nouvelles amèneront de nouvelles émigrations d'ouvriers. Lorsque ces propriétaires penseront qu'une fourniture d'eau à domicile peut faire valoir leurs maisons, ils l'obtiendront à des conditions raisonnables. Mais chacun doit rester maître de payer son eau ou de LA PRENDRE GRATIS SUR LA VOIE PUBLIQUE (120).

Les fournitures d'eau à domicile sont indispensables aux grands ateliers, où cette fourniture doit se faire par un système continu. Ce système, appliqué au service des ménages, est loin d'être sans inconvénients. Un ménage dont la consommation journalière serait d'un hectolitre d'eau, recevrait, suivant le système continu, cet hectolitre par un écoulement de douze heures, à raison de quatorze centilitres par minute, c'est-à-dire, d'UN LITRE PAR SEPT MINUTES (121). A Londres, la distribution se

---

ils auront toujours suffisamment d'eau à leur disposition, pour toute espèce d'emploi, utile ou agréable; et quand ils voudront l'avoir fraîche, si elle ne l'est pas naturellement, ils sauront bien et pourront parfaitement y mettre de la glace. Mais on n'en peut pas dire autant des ouvriers, et c'est d'eux avant tout qu'on doit se préoccuper.

(120) Tous les raisonnements de cette page sont absurdes; ce sont des erreurs de jugement, à joindre aux innombrables erreurs d'un autre genre de M. Prunelle. L'idée fausse, qui fait considérer comme réellement *gratuite* l'eau qu'on va chercher, de plus ou moins loin, aux fontaines publiques, est comparable à celle en vertu de laquelle il aurait été statué que le charbon serait donné de même à toute personne qui descendrait dans la mine pour l'extraire. Il ne faut pas oublier que, pour tous les hommes, pour les ouvriers surtout, le temps est la plus incontestable de toutes les valeurs, et que du temps perdu c'est de l'argent perdu; et malheureusement on perd quelquefois plus que du temps près des fontaines. — Quoi qu'en dise M. Prunelle, il y aurait donc à la fois convenance et économie à ce que, moyennant une rétribution modérée, l'eau se rendît toute seule dans les maisons, comme la lumière y pénètre, distribuée par des conduits.

(121) M. Prunelle s'amuse à supposer ici une difficulté matérielle que

fait par le système contraire : les citernes que nous avons déjà mentionnées se remplissent de deux en deux, ou de trois en trois jours, et LA CITERNE FOURNIT A TOUS LES BESOINS DE LA MAISON (122). Ce service se fait sans difficulté dans les maisons qui ne sont habitées que par une seule famille. Mais à Lyon, où les maisons comptent quelquefois cinquante locataires, la distribution ne pourrait être faite à ces cinquante ménages qu'en plaçant la citerne de façon à ce que L'EAU PUT DESCENDRE DANS TOUS LES LOGEMENTS (123); en temps de gelée, la distribution cesserait; pendant

---

personne ne songe à établir. Il est évident que dans l'hypothèse de l'existence d'abonnements pour cent litres seulement par jour, on ne les livrerait pas par des appareils disposés de manière à ne laisser passer absolument que cette quantité pendant un jour; on les livrerait, en deux ou trois fois, aux heures des repas. Mais, bien préférablement, une autre disposition serait adoptée : moyennant une rétribution proportionnelle à l'importance des ménages, telle que celle indiquée par la Compagnie des eaux de source, on fournirait à chacun d'eux sa provision d'eau, par le moyen d'appareils pouvant laissant écouler deux à trois cents litres par jour, si l'orifice du conduit particulier de distribution était constamment ouvert. Or, tel ne sera pas le cas, puisque, par l'emploi des robinets à flotteurs, usités avec un succès complet partout où existent des distributions à domicile, l'eau ne flue dans le petit réservoir (de la capacité d'un seau environ) du consommateur, que lorsqu'il est en partie vide, et l'eau s'arrête de couler, par le jeu inévitable de ce robinet, dès que le réservoir est plein. Ainsi, en vertu de ce système, un ménage pourrait avoir pour des besoins inaccoutumés deux ou trois hectolitres d'eau à sa disposition en un jour; mais comme, en même temps, beaucoup d'autres, n'employant l'eau que pour leur alimentation, en consommeraient quatre ou cinq fois moins, il en résulterait une moyenne générale peu éloignée de cent litres par ménage.

(122) Ce système suranné de fourniture, établi à Londres il y a déjà plus de deux siècles, a été abandonné pour le système d'écoulement continu par de nouvelles Compagnies, autorisées à distribuer de l'eau dans les quartiers modernes de cette vaste métropole.

(123) A Lyon, il ne saurait être question d'établir dans chaque maison une citerne qui serait commune à tous les locataires. Mais, au sur-

l'été, on aurait de l'eau chaude. Si, pour éviter ce double inconvénient, la citerne reste au rez-de-chaussée, autant vaut à peu près aller à la borne-fontaine, où l'on n'attendra pas plus longtemps qu'à la distribution à domicile, et où l'on sera toujours assuré d'avoir de l'eau autant qu'on en désirera.

Ce n'est pas que des circonstances particulières ne pussent, comme à Edimbourg, favoriser une distribution à domicile. Si les sources dont la dérivation est proposée donnaient un produit suffisant, et qu'elles se trouvassent A RILLIEUX, A PLUS DE 100 MÈTRES AU-DESSUS DU PLATEAU DE LA CROIX-ROUSSE (124), nul doute qu'elles ne

---

plus, la grande quantité de ménages logés dans chaque maison, qui est de six à sept, *moyennement*, et non pas de cinquante, chiffre énoncé par M. Prunelle, n'est point une difficulté pour la distribution de l'eau, comme il paraît le croire. D'une part, on n'a pas besoin de réfléchir longtemps pour comprendre que la densité de la population (si regrettable sous le point de vue hygiénique) est une circonstance favorable pour une entreprise de distribution d'eau ; car si, par exemple, la masse d'habitants existant à Lyon entre les deux rivières, depuis la place des Terreaux jusqu'à la place Louis XVIII, était répartie, grâce à des rues plus larges et à des maisons moins hautes, sur une superficie trois fois plus étendue, il est évident que le réseau des conduites de distribution placées sous le sol, à la charge de l'entreprise, devrait être trois fois plus étendu, par conséquent trois fois plus coûteux à créer et à entretenir. Et d'autre part, dans une maison ayant quatre étages et contenant huit à dix ménages qui s'abonneraient pour recevoir de l'eau, il est facile d'imaginer que, grâce à cette agglomération, de notables économies pourraient être faites sur les tuyaux particuliers qui sont à la charge des abonnés.

(124) Il faut être possédé d'une sorte de monomanie de l'erreur, pour en faire ainsi spontanément sur un point dont rien n'obligeait M. Prunelle à parler, c'est-à-dire sur la hauteur de Rillieux au-dessus de la Croix-Rousse. Cette hauteur est de *moins de 40 mètres*, au lieu d'être de *plus de 100 mètres*; ce qui est, certes, bien différent. — Mais, encore une fois, qui obligeait M. Prunelle à parler de Rillieux, et à inscrire là ce chiffre si erroné ?

méritassent la préférence, dussions-nous même, à ce prix, renouveler les dépenses des aqueducs romains. La vitesse de ces eaux serait telle alors, que la température initiale serait conservée en partie, et permettrait des distributions fort difficiles en toute autre circonstance.

Qu'on adopte, au reste, pour la distribution de l'eau à domicile, le système continu ou le système interrompu, il faut renoncer, tant avec l'un qu'avec l'autre système, à cette fraîcheur de l'eau que l'on préconise si fort. Parviendrait-on à obtenir que les conduites placées en dehors ou dans l'intérieur des murs ne crèveraient pas sous les efforts de la gelée, qu'on n'arriverait point à empêcher ces mêmes conduites de soutirer le calorique des corps ambiants, proportionnellement au pouvoir conducteur inhérent au métal dont elles sont composées.

La conservation de la température initiale de l'eau et la distribution à domicile, sont évidemment DEUX CONDITIONS QUI NE PEUVENT EXISTER ENSEMBLE (125). L'eau fraîche n'existera, ainsi que nous l'avons dit, qu'à la borne fontaine.

Ces objections contre les distributions d'eau à domicile dans notre ville, n'appartiennent pas seulement à la Commission. M. l'ingénieur des mines Pigeon, qui a dû, par état, s'occuper essentiellement de tout ce qui se rapporte à l'hydraulique, en a présenté plusieurs dans un mémoire publié dans le tome VII des *Annales de la Société d'agriculture de Lyon*.

Votre Commission a donc cru devoir placer en première ligne les distributions d'eaux publiques, et en second rang, les concessions à domicile.

---

(125) Il a déjà été expliqué, page 49, qu'il y aurait dans chaque domicile un moyen facile et prompt d'avoir de l'eau fraîche à volonté.

Quant à la gelée, dont parle plus haut M. Prunelle, il est puéril de la présenter ici comme un épouvantail, lorsque la distribution à domicile est pratiquée à Edimbourg, à Glascow (où il y a des maisons aussi hautes qu'à Lyon), à Philadelphie, à Montréal (où le froid va à 20° au dessous de 0), sans produire d'inconvénients, grâce à des mesures fort simples, facilement réalisables partout. — Si elles étaient obligatoires pour nous, c'est-à-dire, si, la température de l'eau étant à 12° 1/2, les matières spéciales dont les tuyaux seront enveloppés et le mortier dont ils seront amplement recouverts, ne suffisaient pas pour l'empêcher de descendre à 0, ces mesures ne nous seraient imposées que bien peu de temps, puisqu'il a été constaté qu'à Lyon, la température de l'air n'est que *neuf jours par année* en moyenne à 4° et plus au dessous de 0.

Elle a pensé que la distribution publique devait avoir lieu par deux modes d'émission : 1° les bornes-fontaines, pour les besoins incessants de la population ; 2° les fontaines de décoration, trop ambitieusement nommées par avance *fontaines monumentales*.

Les bornes-fontaines seraient pourvues de robinets à bascule, de manière à ne fournir l'eau qu'au fur et à mesure des demandes du consommateur. La charge de l'eau dans les bornes-fontaines, de même que la section de leurs robinets, seraient calculées de façon à pouvoir donner au moins 30 litres d'eau par minute, soit 1,800 litres ou 100 voies de deux seaux ordinaires par heure. LES BORNES-FONTAINES NE SERAIENT PAS ÉLOIGNÉES DE PLUS DE 100 MÈTRES L'UNE DE L'AUTRE DANS LES QUARTIERS POPULEUX (126), et espacées suivant le besoin, partout ailleurs. Les bornes-fontaines seraient utilisées encore par la voirie et par les secours à incendie. Quand on est maître, ainsi qu'on le serait à Lyon, de la puissance de charge, on ajuste les bornes-fontaines de manière à pouvoir visser, sur la tête de chacune, la douille d'un boyau qui porte l'eau au faîte des maisons. Cette disposition, qui existe à New-Yorck, à Philadelphie, et même, quoique imparfaitement, dans quelques villes de France, décida de suite à New-Yorck, il y a quelques années, une diminution de 25 p. % dans la prime d'assurances.

Ces bornes-fontaines ne peuvent guère être placées en moindre nombre que celui de 400 dans un développement de 70,000 mètres environ dont se composent les rues de Lyon, y compris les quartiers de Fourvières, de Saint-Irénée et de Perrache, QUI ÉTAIENT EXCLUS DANS LA FOURNITURE PAR LES EAUX DE SOURCES (127). On ne

---

(126) Voilà une heureuse conception, il faut en convenir, mais qui, n'est peut-être guère praticable, parce que, *dans les quartiers populeux* l'on ne trouverait quedifficilement pas, tous les 100 mètres, un propriétaire qui consentirait à laisser placer une fontaine publique contre sa maison. En supposant néanmoins que cet obstacle fût surmonté dans les rues étroites, et que dans les rues passablement larges, les agents-voyers fissent placer ces fontaines banales en dehors des trottoirs, se représente-t-on les embarras et les accidents qui en résulteraient sur la voie publique, tous les 100 mètres, si la quantité d'eau qu'on viendrait y prendre était celle indiquée ci-après par M. Prunelle, c'est-à-dire 50 litres par tête, ou, en d'autres termes, 2 hectolitres par ménage et par jour. M. Prunelle paraît ne s'être nullement inquiété de cela.

(127) Non pas seulement dans la fourniture par les eaux de source,

comprend pas, dans ces bornes-fontaines, 20 ou 25 bouches à eau destinées à l'arrosement des quais et des places publiques.

Le service des bornes-fontaines, À RAISON DE 50 LITRES PAR TÊTE D'HABITANT (128), la population de Lyon calculée dans un avenir de moins de 50 ans à 200,000 habitants, demande une consommation journalière de	10,000,000 litres.
La distribution à domicile, si elle devenait considérable, diminuerait naturellement la dépense présumée des bornes-fontaines. Néanmoins, comme il entre dans la nature de la distribution à domicile de fournir à des services qui ne s'alimentent pas sur la voie publique, tels sont ceux des teintureries, des bains, des jardins, nous ajoutons pour cet emploi une quantité de	3,000,000
Le service des bouches à eau n'exigerait jamais d'autre eau que celle qui aurait figuré déjà dans les fontaines de décoration. (*Voyez ci-après la note 130 bis.*)	
Le service de l'arrosement et du lavage des rues, devant être fait au lever et quelquefois même avant le lever du soleil, pourra augmenter la durée du service des bornes-fontaines, d'environ une heure ; ce qui donnera une quantité de	720,000
A laquelle il faut ajouter encore une demi-heure d'augmentation dans le service des fontaines de décoration de 2e et de 3e ordres, ainsi qu'il sera bientôt expliqué ; ce supplément de service donnera	0,154,000
Total du service des bornes-fontaines et de la voirie. . . .	13,874,000 litres.

---

mais, généralement et sans exception, dans tous les projets de fourniture qui se sont produits jusqu'à ce jour.

(128) Eh quoi ! M. Prunelle destine 50 litres par jour et par tête aux habitants de Lyon, ce qui ferait 200 litres par chaque ménage, puisque, moyennement, chacun d'eux est composé de 4 personnes, et il ne trouve rien de mieux à faire en faveur de ceux qu'il en gratifie, que de placer cette eau dans la rue, à la distance moyenne de 50 à 100 mètres de la maison habitée par chaque consommateur. Mais, dans la hâte mise à son travail, il n'a pas suffisamment fait attention à ce qu'il écrivait, et, par exemple, il ne s'est pas aperçu que *la voie de deux seaux ordinaires* étant, suivant ses propres expressions et chiffres inscrits à la page précédente, de 18 litres chacune, il faudrait *onze* voies pour faire la quantité indiquée par lui de 50 litres par tête, soit de 200 litres

Quelques membres de la Commission municipale de 1838 contestèrent la nécessité des fontaines de décoration. Une ville qui a des dettes ne doit plus songer, disait-on, qu'aux dépenses rigoureusement nécessaires. On ajoutait : Lorsqu'une ville manque d'égoûts, on ne jette pas sur la voie publique une quantité d'eau qui ne fait que de la boue en été et de la glace en hiver. Rien de plus juste assurément que ce dernier motif ; le premier a peu touché les membres de la Commission actuelle, quoique la dette de la Ville soit loin d'être diminuée depuis 1838. Nous parlons tous les jours, dans le Conseil municipal, de la nécessité de faire de Lyon une ville que les étrangers puissent parcourir sans mériter les injures que nous adressent assez fréquemment quelques touristes anglais. Aussi élargissons-nous nos rues avec un empressement QUE NE JUSTIFIE PAS CONSTAMMENT (129) l'état présent de la caisse municipale ; aussi nous proposons-nous de décorer convenablement nos places principales ! CES PLACES, A L'EXCEPTION DE CELLE DES TERREAUX ET DE CELLE DE ST-JEAN, NE SONT PAS ORNÉES PAR DES ÉDIFICES PUBLICS (130). Toute ville qui n'est pas ou

---

par ménage ; en d'autres termes, il faudrait que, dans chaque ménage, quelqu'un eût la corvée de sortir onze fois par jour (et par tous les temps), d'aller à la fontaine banale, d'y remplir ses seaux *à son tour* et de remonter au logis, situé moyennement à un 2me ou 3me étage, avec une charge d'au moins 25 kilogrammes, le tout exigeant, chaque jour, environ deux heures d'un pénible travail. Quelle folie ! M. Prunelle s'est-il donc à ce point trompé ? — Ah ! sans doute il faut espérer, il faut même croire qu'un jour, qui n'est peut-être pas très-éloigné, les habitants d'une ville comme Lyon consommeront, pour emplois de propreté et d'hygiène, non moins que d'alimentation, 50 litres par tête et par jour ; mais ce sera lorsque tous (les ouvriers surtout) n'auront qu'à étendre la main, pour faire couler cette quantité d'eau chez eux.

(129) Cette sorte de regret de voir élargir nos rues est une idée de l'autre siècle.

(130) M. Prunelle, quoique n'étant pas lyonnais, doit pourtant connaître Lyon, qu'il habite quelquefois ; or il est tellement dominé par le besoin de dire des choses inexactes, qu'il vient affirmer qu'il n'y a dans notre ville que la place des Terreaux et celle de St-Jean qui soient ornées d'édifices publics. Mais ce n'est donc pas à Lyon que se trouvent la place des Célestins et celle de la Comédie, ayant chacune un théâtre ; la place

n'a pas été une capitale, n'a guère d'édifices de ce genre ; dans une ville manufacturière, le caractère de la maison à loyer frappe nécessairement tous les genres de construction. Au reste, dans la plus belle de nos places, dans celle que la vue de l'admirable coteau de Fourvières rend si remarquable, les constructions qui l'entourent seraient toutes de Palladio, que cette place n'en restera pas moins monotone, tant que des eaux jaillissantes ne viendront pas, par la multiplicité de leurs courbes et par les reflets de leurs ondes, imprimer du mouvement à ces énormes masses d'air, et rompre la monotonie inséparable des grandes lignes architecturales.

Votre Commission admet donc les fontaines de décoration comme une sorte de nécessité, sauf à les exécuter plus tard et successivement. Les eaux qui figureront dans ces fontaines, ne devront pas être considérées comme perdues ; elles pourront fournir aux bouches d'arrosage, au nettoiement des égoûts, à des établissements de bains, de teinture (130 *bis*), peut-être même à des lavoirs et à des bains publics et gratuits, qui offriraient d'immenses avantages à la population nécessiteuse. ON FAVORISERAIT AINSI LES HABITUDES DE PROPRETÉ, INSÉPARABLES DE LA CONSERVATION D'UNE BONNE SANTÉ. LES SOINS DE PROPRETÉ RENDENT LES MALADIES PLUS RARES ET MOINS LONGUES; L'OUVRIER MALADIF TRAVAILLE PEU, TRAVAILLE MAL ET TOMBE BIENTÔT DANS UNE AFFREUSE MISÈRE (131).

---

des Cordeliers et celle de Saint-Nizier, ayant chacune une église ; la place des Jacobins, ayant l'hôtel de la Préfecture, etc.?

(130 *bis*) Alors il faudra faire la dépense d'un double réseau de conduites.

(131) Et c'est pour *favoriser les habitudes de propreté*, *inséparables de la conservation d'une bonne santé*, que M. Prunelle veut obliger les ouvriers à aller chercher l'eau nécessaire aux usages hygiéniques, à 50 et 100 mètres des maisons dont ils occupent les hauts étages ; quelle dérision !

« Ce n'est pas parce que l'eau manque, — dit en termes expressifs et touchants la Commission chargée par M. le Préfet du Rhône de résumer l'enquête sur le projet des eaux de source, — ce n'est pas parce que « l'eau manque, que l'ouvrier s'en abstient; c'est parce qu'il est obligé « d'aller la chercher. Des rivières couleraient dans les rues, qu'il n'en « emploierait pas une goutte de plus; et cela ne se conçoit que trop. « Monter cinq étages est déjà une corvée, devant laquelle beaucoup de « gens reculent; qu'est-ce de les monter avec un demi-quintal aux bras! « aux bras d'un enfant, aux bras d'une femme faible, vieille et souffrante; car enfin les ouvriers ne sont pas toujours jeunes, forts et « vigoureux? »

A la fourniture de 13,874,000 litres exigés pour les usages économiques, pour la voirie et pour les distributions à domicile, il faudrait ajouter une quantité de 3, 748,400 litres pour les fontaines à décoration, laquelle quantité serait répartie comme suit ;

1° A une fontaine sur la place des Terreaux, utilisant les groupes de Coustou, et dont il existe un fort joli dessin par M. Chenavard, 432,000 litres, à raison d'un débit de 600 litres par minute et d'un jet de douze heures, ci. . 0,432,000 litres.

2° A deux fontaines à la place Bellecour, au jet de 1,000 litres par minute, ce qui donne, pour chaque fontaine, 720,000 litres, et pour les deux, 1,444,000 litres, ci 1,444,000

3° A deux fontaines, l'une à la place St-Jean, l'autre à la place Louis XVIII, chacune, au débit de 400 litres par minute, ce qui donne pour une 288,000 litres, pour les deux 576,000 litres, ci . 0,576,000

4° A deux fontaines, l'une au port St-Clair, l'autre à l'Homme-de-la-Roche, tombant du haut du rocher et formant abreuvoir au bas, chacune au débit de 300 litres par minute, ce qui donne, pour l'une 200,000 litres, et pour les deux, 400,000 litres, ci . . 0,400,000

5° A sept fontaines, chacune au débit de 160 litres par minute, ce qui donne, pour l'une 115,200 litres, et pour les sept, 896, 400 litres, ci. 0,896,400

TOTAL. 3,748,400

Les fontaines nos 3, 4 et 5 fonctionneraient pour les usages économiques de la même façon que les bornes-fontaines.

Les besoins de la Ville seraient donc satisfaits amplement avec une quantité de 17, 622,400 litres, dont au moins 3,000,000 de litres seraient destinés à être vendus. La fourniture complète ne peut pas être fixée à ce chiffre, beaucoup plus grand cependant que tous ceux qui ont été mis en avant jusqu'à présent. NOUS DEVONS AUSSI SONGER A NOS VOISINS, QUI SERAIENT OBLIGÉS DE SE PASSER D'EAU PENDANT LONGTEMPS ENCORE (132), s'ils ne profitaient pas des dépenses que la ville centrale aurait faites en frais généraux.

---

(132) Ainsi ce n'est point assez que la ville de Lyon s'impose des charges exorbitantes (de plusieurs centaines de mille francs par année) pour entretenir ses grands hospices et tous ses établissements publics, tels que l'Ecole de médecine, la Martinière, l'Ecole des beaux-arts, etc., etc., dont profitent les villes suburbaines, sans aucun sacrifice de leur part. Voilà que maintenant la ville de Lyon, si l'on suivait exactement

Que les villes de la Guillotière, de la Croix-Rousse et de Vaise fassent ou non partie de la commune de Lyon, elles n'en sont pas moins une portion intégrante de la grande famille lyonnaise, ayant les mêmes intérêts à défendre, les mêmes rivaux à combattre. Une grande ville, avec ses monuments publics, ses hôpitaux, ses théâtres, etc., est forcée, pour subvenir à toutes ces dépenses, de frapper les consommations de ses habitants d'un octroi plus ou moins élevé. Le prix des loyers, celui des subsistances y augmentent EN CONSÉQUENCE (133), et la grande ville ne peut pas retenir dans son enceinte tous les travailleurs qui lui sont nécessaires. Si ces travailleurs continuaient à habiter la grande ville, et que celle-ci fût à la fois commerçante et manufacturière, la hausse dans le prix des loyers et des subsistances amènerait aussi la hausse des salaires ; les produits fabriqués demeureraient invendus ou se vendraient à perte ; le commerce qu'alimentaient les manufactures, après avoir vainement lutté, transporterait ses capitaux ailleurs, et les manufactures seraient déplacées avant le commerce lui-même. Que deviendraient alors les propriétés bâties ? BEAUCOUP DE MAISONS RESTERAIENT VIDES (133). Le prix des loyers

---

l'avis de M. Prunelle, se chargerait elle-même de leur fourniture d'eau. A merveille ! il paraît que le trésor municipal regorge.

(133) « Une grande ville, dit M. Prunelle, ... est forcée.... de frapper » les consommations de ses habitants d'un octroi plus ou moins élevé. « *Le prix des loyers..... y augmente* EN CONSÉQUENCE ! » C'est là, en vérité, une bien singulière *conséquence*, et il n'y avait que M. Prunelle, pour trouver cette corrélation entre le taux élevé de l'octroi et le taux élevé des loyers dans une ville. Beaucoup de gens auraient cru à une *conséquence* inverse.

(134) Ce qu'il y a de plus *vide* en tout cela, c'est le long raisonnement de ce paragraphe, dans lequel il est difficile de trouver un sens, bon ou mauvais ; mais, en revanche, il est bien facile d'y trouver une conclusion des plus baroques : « ... Si ces *travailleurs*, dit M. Prunelle, « *continuaient à habiter la grande ville*, et que celle-ci fût à la fois com- « merçante et manufacturière, la hausse des loyers et du prix des sub- « sistances amènerait la hausse des salaires,.... Le commerce transpor- « terait ses capitaux ailleurs, et les manufactures seraient déplacées « avant le commerce lui-même. Que deviendraient alors les propriétés « bâties? *Beaucoup de maisons resteraient vides !* » — D'où il suit qu'à Lyon,

baisserait considérablement dans les autres, et les propriétés rurales elles-mêmes verraient, dans un rayon assez grand, diminuer LEUR RENTE (136) dans une progression effrayante.

Ce serait donc une grande erreur que celle de penser que l'existence des faubourgs ou des villes surburbaines, ainsi qu'on voudra les nommer, nuise à la prospérité d'une grande ville. L'enceinte de Paris vient d'être considérablement reculée; bien des années se passeront avant que cette enceinte soit remplie, et, plutôt que d'y entrer, vous voyez déjà beaucoup de constructions s'élever en dehors de cette même enceinte. La même chose se passe à Lyon ; c'est Villeurbanne, et non plus la Guillotière, qui sera appelé, dans un avenir très-prochain, à former le faubourg oriental de Lyon.

Qui ne reconnaît, au reste, les services que rend à nos manufactures cette laborieuse Croix-Rousse, qui s'est élevée, comme par enchantement, à une dis-

---

pour que beaucoup de maisons ne restent pas vides, il faut *que les travailleurs ne continuent pas à habiter la ville.*

C'est pourtant là ce que M. Prunelle, un jour du mois de mai 1846, a débité sans rire au conseil municipal de Lyon. Ce singulier avis ne rappelle-t-il pas, sous certain rapport, celui de Toinette en costume de médecin, disant doctoralement au Malade imaginaire, qu'il ne conservera la vue intacte qu'à la condition de s'arracher un œil?

(135) Qu'est-ce que c'est que *la rente* des propriétés rurales? — On est obligé de se livrer à un travail d'esprit, pour deviner le sens attribué par M. Prunelle à ses mots, et pour débrouiller ses phrases. Par exemple, au milieu du fouillis de ce paragraphe, il est à présumer que M. Prunelle a voulu dire que le taux élevé de l'octroi municipal peut nuire à la prospérité d'une ville et amener sa dépopulation. En ce cas, par quelle inconséquence est-il arrivé à provoquer, pour la réalisation de ses vues, des mesures qui grèveraient pendant long-temps les finances municipales, et rendraient inévitables soit une augmentation d'un quart ou d'un tiers des droits d'octroi, soit la création d'un impôt spécial d'égale importance, à répartir sur la population; et cela pour faire venir dans des fontaines banales, une quantité d'eau dont les *trois-quarts* ou les *quatre-cinquièmes*, comme on l'a vu, ne pourraient être utilisés par les habitants.

tance si rapprochée du quartier que nos fabricants habitent de préférence ! Qui ne voit que la valeur des immeubles, au quartier des Capucins, est entretenue par l'existence même de la Croix-Rousse ! N'avons-nous pas à faire les mêmes réflexions sur la Guillotière et sur Vaise ? Cet énorme commerce de transit qui, sous le Consulat et l'Empire, a relevé Lyon des désastres de 1793, eût-il existé sans le concours de ces deux villes ? Ainsi, Messieurs, alors même que le sentiment d'une origine commune et du bon voisinage, ne nous ferait pas un devoir d'aider nos voisins à se procurer l'eau qui leur est nécessaire, notre intérêt le mieux entendu le commanderait encore.

Nous n'avons nullement à nous inquiéter ici de la manière dont les villes suburbaines voudront faire leur distribution d'eau ; nous n'avons besoin que de connaître approximativement la quantité qui leur sera nécessaire, afin de savoir si toute cette quantité pourra être fournie par une même opération.

La population de la Croix-Rousse et des parties des communes contiguës de Cuire et de Caluire placées sur le même plateau, peut-être évaluée à 30,000 habitants, qui, A 50 LITRES D'EAU PAR TÊTE (136), consommeraient . . 1,500,000 litres.

Plus une fontaine publique, du débit de 400 litres par minute.	288,000
Les nombreuses maisons de campagne du plateau manquent d'eau la plupart ; les puits s'épuisent par le grand nombre qu'on en creuse ; les eaux de pluie qui tombent sur les toits ou sur le pavé des rues, ne sont plus absorbées par les terres ; les jardins, si nombreux sur le même plateau, manquent également d'eau. Je pense qu'en ce point, les concessions d'eau seront très-demandées (137). Je les évalue à UNE QUANTITÉ DE	2,000,000
Total pour la Croix-Rousse.	3,788,000

(136) Voilà toujours la même erreur, ou la même absurdité. Si vous voulez qu'un ménage d'ouvrier consomme 200 litres, par jour, faites qu'ils arrivent tout seuls par des conduits ; mais, si vous persistez à vouloir que l'ouvrier aille chercher son approvisionnement d'eau dans les rues, ne songez pas pour lui à une quantité plus forte que celle qu'on lui destinait, il y a un quart de siècle, quand M. le baron Rambaud voulait faire venir trois millions de litres à Lyon.

(137) C'est là une éventualité des plus problématiques. Ce serait la première fois qu'on verrait de l'eau très-chèrement élevée à plus de 100 mètres par des machines à vapeur, servir à l'agriculture, ou même à

On comprend que la ville de Vaise, n'ayant pas les eaux du Rhône à sa portée, les recevrait par la même conduite qui alimenterait la partie inférieure de quartier de l'Ouest, et que ces conduites doivent être calculées en conséquence. La population de Vaise, y compris celle de la Gare, doit arriver, dans un avenir prochain, à 18,000 HABITANTS (138), qui, à raison de 50 litres par tête, décident une consommation de 900,000

Plus deux fontaines à 300 litres par minute 576,000

Total pour Vaise 1,476,000

Ajoutons, pour la consommation de la ville de la Guillotière, toujours à raison de 50 litres par tête d'habitant et pour une population évaluée dans l'avenir à 50,000 habitants . . . . 2,500,000 litres.

Plus, pour les fontaines publiques et les concessions d'eau à faire à tous les établissements publics et privés. 3,000,000

Total pour la Guillotière. 5,500,000

On aurait, pour les trois villes suburbaines, un total de. . . 8,766,000 (139)
lesquels, ajoutés à la fourniture de la ville, s'élevant à . . . 17,622,400

composent une fourniture totale de . . . . 26,388,400 litres

l'horticulture. On n'a qu'à se rappeler, à ce sujet, qu'un des fermiers de la Tête-d'Or, après avoir essayé d'arroser un terrain élevé de 6 à 7 mètres seulement, et non pas de 100, au-dessus du Rhône, par l'emploi d'une machine à vapeur, y renonça presque aussitôt. On ne peut nier la possibilité de l'application d'un certain nombre de filets d'eau à l'arrosement ou à l'ornement de quelques jardins, sur le plateau de Caluire et de la Croix-Rousse; mais la quantité d'eau portée pour cet emploi par M. Prunelle est monstrueusement exagérée.

(138) Pourquoi pas 28,000, ou 38,000, ou 58,000, au lieu de 18,000 habitants à Vaise, qui n'en compte encore que *six mille?*

(139) M. Prunelle fait des erreurs comme à plaisir. Presque tous ses chiffres de quantité d'eau sont fautifs : ainsi, la quantité pour les trois villes suburbaines, d'après les chiffres de la page précédente, est de 10,761,000 litres, au lieu de 8,766,000; la quantité totale pour les 4 villes n'est (toujours d'après les chiffres de M. Prunelle lui-même), ni

5° Quantité.

Pourra-t-on tirer ces 29,826,000 litres d'un même point ? ou faudra-t-il diviser l'opération, en établissant deux ou plusieurs usines ? J'avoue que cette opinion était la mienne, lorsque la puissance filtrante du gravier blanc, ou diluvium du Rhône (140), n'était pas encore signalée ainsi qu'elle l'est aujourd'hui. Maintenant que la possibilité de tirer toutes les eaux d'un point assez circonscrit se trouve établie d'après tout ce que nous avons vu de la puissance filtrante des surfaces inférieures du puits Guinon a la rue de Condé, et des puits de l'Hôtel-Dieu et de la Tête-d'Or (141), y aura-t-il sûreté et économie à n'avoir qu'une même usine pour

---

26,388,400 qu'il a inscrit comme addition, ni 29,826,000 qu'on lit à la ligne immédiatement suivante, mais 28,336,400. — A-t-on jamais rien vu de semblable à cela ?

(140) Voilà M. Prunelle qui revient sur son dada du *gravier blanc* ou *diluvium du Rhône*. — D'abord l'expression *diluvium du Rhône* est composée de deux mots qui se repoussent ; ensuite, si ce gravier prétendu *blanc* provenait de grandes débâcles *diluviennes*, il serait composé de fragments de toute espèce et *de toute nuance*.

(141) Cela est parfaitement *établi*, en vérité, par ces trois puits ! — Le puits Guinon, dont M. Prunelle a fait sortir d'abord 750,000 litres par jour, n'a plus donné tout-à-coup dans la page 30 réimprimée que 75,000 litres, c'est-à-dire a été dépossédé subitement et prudemment des *neuf-dixièmes* de sa puissance filtrante. — Le puits de l'Hôtel-Dieu, à qui M. Prunelle a attribué un fonctionnement constant et un produit régulier de 14,400 hectolitres par 24 heures, ne travaille que pendant 5, 6, ou 7 heures par jour, et donne pendant ce temps, comme chacun peut s'en assurer, 120 hectol. environ par h., ce qui correspond à 2,880 par 24 heures, quantité fort différente de celle de 14,400 énoncée par M. Prunelle. — Quant au puits de la Tête d'Or, ce puits qui, suivant l'affirmation de M. Prunelle, *a 36 mètres de surface, qui donne 22,400,000 litres par jour*, et qui certes, d'après cela, est un très-beau type de puits ou de puisard, il n'existe pas. — Ainsi, encore une fois, *la*

un périmètre aussi grand ? On comprend que cette question ne peut être résolue qu'après les études les plus complètes et de l'avis des hydrauliciens les plus consommés !

Le puits de l'Hôtel-Dieu donne plus de 60,000 litres à l'heure : ce qui fait, par douze heures seulement que durera le service, une quantité de 720,000 litres à raison de 55,400 LITRES PAR MÈTRE DE SURFACE (142), ainsi que nous l'avons déjà dit. Pour obtenir 30,000,000 de litres sur cette base, en douze heures que doit durer le service, il faudrait donc une surface de 541 mètres.

Mais, l'aspiration qui se fait dans le puits de l'Hôtel-Dieu devant nécessairement exercer son action sur les eaux souterraines, dans un rayon plus grand que la surface de ce puits, il en résulte qu'il y aurait de l'imprudence à s'en tenir à ce chiffre de 541 mètres, pour obtenir les 30,000,000 de litres exigés. Sans doute le produit de la filtration sera toujours influencé par les pressions du fleuve; mais on se tromperait, je pense, si le calcul s'établissait seulement sur la loi des vitesses par les hauteurs de pression. Le phénomène de la filtration se complique nécessairement ici de tout ce qui se rapporte à la capillarité. L'application de la loi d'attraction des surfaces ne paraît donc pas possible, le produit de la capillarité variant de moitié, suivant la forme de ces surfaces, et cette forme variant aussi dans le gravier, depuis la surface plane jusqu'à la surface sphéroïde, d'une manière comme indéfinie.

LA DURÉE DE DOUZE HEURES ASSIGNÉE AU SERVICE n'est pas seulement utile pour diminuer de moitié les frais d'employés, etc. (143) ; les douze heures de repos que

---

possibilité de tirer toutes les eaux d'un point assez circonscrit EST BIEN ÉTABLIE par l'exemple de ces trois puits, formant la base sur laquelle portent toute l'argumentation du rapporteur et les conclusions du rapport.

(142) Dans la première édition de la page 30 de son rapport, M. Prunelle a donné au puisard de l'Hôtel-Dieu une surface de 20 mètres, dans la deuxième édition de ladite page corrigée 10 mètres, et voilà maintenant que, d'après le calcul ci-dessus, il lui attribue 13 mètres. *E sempre bene*. Apparemment, quand M. Prunelle fait un travail de ce genre, il inscrit ses chiffres au hasard, comme les faiseurs de calendriers inscrivent indifféremment la pluie ou le beau temps, suivant que ces mots arrivent au bout de leur plume.

(143) La suspension du service 12 heures sur 24 (si l'on adoptait cette idée de M. Prunelle), à la place d'une économie, occasionnerait un

donne cette distribution de la journée donneront aux interstices du gravier dont se compose le filtre le temps de se remplir de nouveau ; temps qui doit varier suivant les positions, les distances auxquelles on sera placé du Rhône, etc., etc. SANS NÉGLIGER CETTE OBSERVATION DES FAISEURS DE PUITS (144), qui prétendent que ce qu'ils nomment le gravier blanc du Rhône, c'est-à-dire le *diluvium*, contient un cinquième de son volume en eaux souterraines, on doit penser qu'il y a, suivant les lieux, variation dans cette quantité. Le gravier de ce *diluvium* est donc toujours très-reconnaissable; il a été tellement serré que les édifices qui exigent le plus de stabilité sont établis immédiatement au-dessus, sans qu'on cherche à les asseoir plus profondément; ce qui établit, on le voit, une immense différence entre le gravier blanc du *diluvium* et le gravier des atterrissements du Rhône (145).

---

notable surcroît de frais de premier établissement et de dépenses courantes; 1° par l'obligation de doubler la force des machines à vapeur, c'est-à-dire d'établir des machines de 500 chevaux, au lieu de 250, si ce dernier nombre était celui nécessaire, puisqu'elles devraient faire en 12 heures le travail de 24, sans parler de l'augmentation indispensable de la quantité ou de la grandeur des réservoirs à construire dans tous les cas pour l'eau du Rhône; 2e par la nécessité d'éteindre et de rallumer chaque jour les fourneaux, entraînant toujours une certaine perte de combustible.

(144) Après avoir mis les cuisinières et les blanchisseuses au-dessus *des plus habiles chimistes*, M. Prunelle ne pouvait manquer d'élever à un rang analogue les puisatiers, et de faire acte de déférence à l'autorité de leurs idées.

(145) De telles assertions et affirmations tranchantes, en sens inverse de la réalité des choses, ne seraient que risibles, si elles ne produisaient un pénible sentiment, quand la pensée se reporte à la position de leur auteur. *Le gravier du* DILUVIUM *a été tellement serré*, dit-il, *que les édifices peuvent être établis immédiatement au-dessus, avec solidité.* — Mais, c'est là le propre de tous les graviers du monde qui ne sont pas mélangés d'argile ou d'autres matières, c'est le propre de tous les bancs de gravier du Rhône même, formés depuis vingt ans ou dix ans seulement, et non depuis le déluge. *Le gravier pur est incompressible*, quelle que

Votre Commission ne penserait donc pas que ce fût d'après ce qui s'observe sur les atterrissements variables du Rhône, et bien moins encore sur ce qui se passe dans les atterrissements de la Garonne, que l'on puisse, avec la Commission d'enquête (146), aller chercher à Toulouse les bases du calcul des surfaces à donner aux galeries filtrantes de Lyon. Les analogies entre le gravier du *diluvium* alpin et sa manière de fonctionner dans la filtration, et, entre le gravier des atterrissements de la Garonne, sont tellement éloignées, que LE CALCUL, BASÉ SUR DES CONDITIONS CONSIDÉRÉES COMME SEMBLABLES A LYON ET A TOULOUSE, N'A PU DONNER QUE D'ÉTRANGES ERREURS (147).

---

soit son origine, et en quelque lieu que ce soit ; ce qui, du reste, se comprend sans effort. C'est par suite de l'ignorance de cette vérité, qu'on a vu des hommes s'obstiner à vouloir faire entrer des pilotis dans un gravier qui a persisté, ne pouvant mieux faire, à ne pas se laisser comprimer. Ainsi, l'attribut dont M. Prunelle veut doter exclusivement son gravier blanc ou diluvium du Rhône, est tout simplement une vérité de M. de la Palisse, universelle.

(146) C'est le seul endroit de son rapport où M. Prunelle fasse mention très-indirectement du travail de la Commission d'enquête, que M. le préfet avait composée de douze citoyens des plus notables, pris dans divers rangs de la magistrature, de la science et de l'administration, et qui, après des recherches, des explorations, des délibérations multipliées, qui ont duré plus d'une année, a conclu, à l'unanimité de ses membres, à la déclaration d'utilité publique de la distribution des eaux de source. « Si M. Prunelle a passé ce travail sous silence, a dit quelqu'un de très-haut placé à Lyon, c'est qu'apparemment il était plus facile de n'en pas parler que d'y répondre. »

(147) Il est certain qu'à l'époque où la Commission d'enquête a été appelée à s'occuper de ces matières, M. Prunelle n'ayant pas encore découvert ou inventé son *gravier blanc du diluvium alpin*, dont il parle avec un sérieux si plaisant, lequel gît providentiellement à un niveau inférieur au lit du Rhône et *s'étend* précisément. (Voyez page 27 et 28), *depuis Villette jusqu'au-dessous de Lyon*, — cette Commission n'a pu que voir les choses comme tout le monde, et

La Compagnie Dumont a voulu les éviter, en expérimentant sur le lieu même d'où elle penserait devoir extraire les eaux du Rhône. Une machine à vapeur, faisant marcher deux corps de pompe de la plus grande dimension, et élevant, en quinze coups, 10 mètres 35 centimètres d'eau par minute, a été placée sur le puisard. CETTE MACHINE A MARCHÉ DU 14 AOUT JUSQU'AU 30 OCTOBRE 1845, JOUR ET NUIT (148), et a

---

attribuer à des graviers du Rhône semblables (quoi qu'en dise M. Prunelle) à ceux qui bordent la Garonne, une puissance filtrante analogue à celle de ces derniers. Toute personne pourvue de bon sens et de notions spéciales, comme par exemple l'ingénieur en chef des mines qui faisait partie de la Commission d'enquête, en jugera de même, et se gardera de conseiller d'asseoir la fondation d'un service public important sur des idées spéculatives, des théories plus ou moins vagues, quand on peut prendre pour base, au contraire, des faits positifs, faciles à vérifier aux lieux où ils existent.

(148) Voilà une des énormités les plus incroyables de ce rapport, qui en contient tant. Comment M. Prunelle a-t-il été conduit ou porté à dire ce qui est là, et qui n'est pas vrai? — Les citoyens de Lyon, créateurs d'une Compagnie pour une fourniture d'eau du Rhône, qui avaient fait les frais d'essai de ce puisard, et à qui l'on doit supposer naturellement que M. Prunelle a dû s'adresser pour des informations, sont tous gens de trop d'honneur pour s'être abaissés à un tel mensonge ; car *au lieu d'avoir marché, du* 14 *août au* 30 *octobre, tous les jours et toutes les nuits*, LA MACHINE N'A JAMAIS FONCTIONNÉ LA NUIT. Une seule fois elle a travaillé jusqu'à onze heures du soir. Son travail commençait ordinairement à 2 ou 3 heures de l'après-midi. Voyez, du reste, la preuve de l'interruption habituelle du fonctionnement de cette machine dans une note émanée de l'ingénieur chargé des travaux, de M. Dumont lui-même, page 44 (*) — Quel pénible sentiment n'éprouve-t-on pas, en voyant cette assertion si complétement fausse, sur un point capital de l'épreuve d'un système à adopter pour une fourniture d'eau potable à

(*) Que M. Prunelle ne songe pas à se tirer de là, comme fit le renard de la fable, du puits où il était tombé, à l'aide d'un bouc complaisant. Cet objet a trop de gravité, pour que des mesures n'aient pas été prises à l'effet de détruire tout mensonge officieux, s'il s'en produisait, par un témoignage irrécusable.

donné CONSTAMMENT 14,904,000 litres d'eau en 24 heures, à l'abaissement d'un mètre 20 centimètres. Nous avons dit que l'eau avait toujours été limpide; nous avons exprimé notre opinion sur les conditions de température de cette même eau. Ici nous exprimons encore un regret : c'est que, ne voulant s'adresser qu'aux eaux souterraines, les pompes de la Compagnie Dumont ont extrait indistinctement et les eaux souterraines, produit nécessaire d'une filtration un peu lente, et les eaux superficielles provenant des filtrations latérales (149), plus ou moins abondantes, suivant la hauteur des eaux dans le lit du fleuve.

Cette expérience a eu un grand résultat : celui de prouver la puissance énorme du gravier du Rhône, dans l'opération de la clarification des eaux. Il était nécessaire de faire davantage. M. Dumont, ne voulant attaquer que les eaux souterraines, eût dû descendre son puisard à 1 mètre 50 centimètres, au moins, au dessous du niveau de l'étiage, et le bétonner soigneusement jusque-là. Alors il eût éliminé

Lyon, point tellement important, que la Commission municipale ava t senti la nécessité de créer, pour l'éclairer, une Commission d'hommes spéciaux, composée de deux ingénieurs, de deux chimistes et d'un géologue, qu'elle avait désignés ; lesquels devaient étudier le produit du puisard dont il s'agit, les uns sous le rapport de la quantité, les autres sous celui de la qualité de l'eau. Mais M. Prunelle n'a eu garde de laisser subsister cette Commission qui, composée, comme elle l'était, d'hommes de science et de conscience, n'eût pu que *constater* et *dire* la vérité; et il a mieux aimé parler à sa place ; et l'on a vu un homme revêtu d'un caractère public, s'exprimant au nom d'une Commission du corps municipal de la seconde ville du royaume, aller, pour le triomphe d'un jour de son opinion, jusqu'à s'abaisser lui-même et compromettre ses collègues comme on vient de le voir. *Shame! Shame!* s'écrieraient des Anglais.

(149) Comment prendre au sérieux cette distinction, qu'a déjà voulu établir précédemment M. Prunelle, entre les *eaux souterraines* et les *eaux provenant des filtrations horizontales*, lesquelles aussi sont souterraines? A quel point se trouverait la limite séparative entre ces deux espèces d'eau? Tout cela n'est bon, tout cela n'est fait, on le sent, que pour fasciner les yeux de ceux qui jugent les objets superficiellement, et se paient de mots sans vouloir ou pouvoir aller au fond des choses.

nécessairement les eaux à température variable et provenant des filtrations horizontales; ou tout au moins il eût forcé ces eaux de rentrer dans le massif du *diluvium* et d'y prendre toutes les conditions que nous avons vues être celles des eaux souterraines. De cette façon on eût éloigné la formation de ces quelques *bissus* dont on a tant parlé; on eût arrêté le passage, si toutefois il a eu lieu, au travers du gravier, de quelques œufs de poissons (150); toutes circonstances auxquelles on a attaché, du reste, une trop grande importance. On voit souvent des truites nager dans les eaux des sources énormes de Vaucluse, de Dorans, de Vizille; les bords de ces sources sont couverts de *bissus*, et les eaux en sont excellentes; elles se renouvellent sans cesse et en volume énorme. Toutes les fois que les eaux seront exposées au grand air et pénétrées par la chaleur du soleil, on n'y arrêtera ni la végétation ni le développement des œufs des animaux aquatiques.

On a vu, page 30, que les 2,550 mètres superficiels de galeries d'infiltration proposés dans le projet Dumont, donneraient UN PRODUIT QUATRE-VINGT ET UNE FOIS TROP

---

(150) Il n'est pas hors de propos de placer ici le jugement officiel porté sur le mérite du puisard des Petits-Brotteaux par la Commission scientifique spéciale, instituée, par arrêté de M. le maire, sur la désignation de la Commission municipale elle-même.

Lyon, le 30 septembre 1845.

MONSIEUR LE MAIRE,

La Commission que, par arrêté du 5 septembre courant, vous avez chargée de suivre les expériences de filtration des eaux du Rhône qui se font actuellement au Petit Brotteau, de les compléter le plus possible et d'observer les résultats de cette filtration, tant sous le rapport de la quantité que sous celui de la qualité des eaux dans les différents régimes du fleuve, s'est transportée sur les lieux, pour faire un premier examen du mode d'essai adopté.

La Commission a reconnu que, dans l'état actuel des choses, et avec les dispositions adoptées pour l'essai, des expériences ne pourraient donner lieu à des résultats satisfaisants. En effet, les eaux sont présentement recueillies dans un vaste puisard sujet à des éboulements, exposées à toutes les influences de la température et de l'atmosphère extérieures, et où l'on observe déjà des traces de végétation aquatique, et même des insectes et des poissons, tandis qu'il conviendrait au contraire qu'elles s'infiltrâssent dans une galerie soigneusement recouverte, et dont les parois seraient soutenus et fixés par des murs en pierre sèche.

C'est seulement dans ce cas, que les expériences tentées pourraient avoir un résultat décisif; et il serait désirable que la Compagnie se plaçât, autant que possible, pour son travail d'essai, dans les conditions de l'établissement définitif qu'elle se propose de faire.

Nous avons l'honneur d'être, M. le Maire, etc.

BOLLAND DE RAVEL, DUPASQUIER, G. PIGEON, E. MOUCHON, FOURNET.

GRAND (151), si ce produit était calculé sur le débit du puits de l'Hôtel-Dieu. Ailleurs ce produit serait-il le même? IL IMPORTE QU'UNE EXPÉRIENCE NOUVELLE SOIT FAITE DANS LES PETITS-BROTTEAUX, pour indiquer, aussi approximativement que possible, la quantité de surfaces filtrantes nécessaires à UNE FOURNITURE DE 30,000,000 DE LITRE D'EAUX SOUTERRAINES DU RHÔNE (152).

Le produit des puits Guinon, de la Tête-d'Or et de l'Hôtel-Dieu, est si grand que naturellement des Compagnies ont dû rejeter les galeries d'infiltration et songer aux puisards. Les puits et les puisards, ainsi que nous l'avons déjà dit, *assèchent* le terrain à une distance qui ne peut pas être calculée. C'est ce que l'on a vu à Toulouse lorsqu'on s'était imaginé que, pour obtenir toute l'eau désirée, il suffirait d'augmenter l'étendue de la tranchée ouverte dans le banc d'alluvion. Sans des expériences préalables, on ne pourrait donc pas assurer les succès des puisards

---

(151) Par la substitution d'une nouvelle feuille à la première imprimée, M. Prunelle a fait disparaître de son rapport cette grosse bévue, qu'il a remplacée par les mots suivants : *un produit excédant de* 6,720,000 *litres le produit demandé*. Or, voici dans la page 30, corrigée et réimprimée, le produit qu'il a définitivement attribué à la galerie en question : 367,200,000 litres par 24 heures. Puisqu'il n'en retranche que 6,720,000 litres, il veut donc nous faire consommer plus de 360 millions de litres par jour ! plus de 6,000 litres par ménage*!* — Les erreurs de M. Prunelle sont comme certaines plantes : on a beau les arracher, toujours il en reste quelque chose.

(152) Pour faire dans ce lieu un puisard ayant cette destination, on n'aurait pas, en le creusant, la facilité qu'a procurée à Toulouse le creusement *préalable* d'un simple fossé ou rigole d'écoulement, de plusieurs kilomètres d'étendue, appelé canal de fuite, pour reconduire dans le fleuve, à la suite d'un long trajet, l'eau arrivée par infiltration souterraine dans l'excavation. Aux Petits-Brotteaux, on ne peut songer à un tel canal, que le faubourg de Bresse et le cours d'Herbouville rendent impossible. Il faudrait, dès-lors, si l'on voulait assécher à peu près l'excavation pour y faire les travaux d'art nécessaires, employer avec persistance de puissantes machines d'épuisement. De quelle force les faudrait-il? — Avant l'expérience d'un tel travail, encore inusité, dans les gigantesques proportions requises, à proximité du Rhône, il n'y a que Dieu qui le sait.

de la Compagnie Vergnais, à moins de les multiplier en les espaçant convenablement.

Quoi qu'il en soit, et qu'il s'agisse de puisards ou de galeries d'infiltration, la puissance filtrante du gravier blanc ou *diluvium* lyonnais est si grande, tant sur la rive droite que sur la rive gauche du Rhône, que LA QUANTITÉ DE 30,000,000, ET AU-DELA, DE LITRES D'EAU SERA TOUJOURS FACILE A FOURNIR (153).

Il nous resterait encore quelques mots à ajouter sur ce qu'on a dit des avantages de la *permanence* en faveur des eaux de sources. Ce mot *permanence* peut être entendu ici de diverses manières; en tant qu'il se rapporte à la persistance des sources, aux chances de durée des travaux entrepris pour en donner la jouissance; et aux risques d'interruption de cette même jouissance.

La persistance des sources, tenant, jusqu'à un certain point, aux formations géologiques, est assurée toutes les fois que les conditions de la surface du sol ne sont pas trop fortement changées par la main de l'homme. Tous les jours on détermine les positions de lieux célèbres dans l'histoire, en retrouvant les sources mentionnées dans les anciens historiens. C'est ainsi que le capitaine du génie Bachelu, maintenant lieutenant-général, a retrouvé dans le Sayd (Haute-Egypte), la route de Bérénice, par les sources ou puits qui avaient déterminé l'établissement des *mansiones* dont parlent les historiens romains; c'est ainsi que Brown et Hornemann ont retrouvé le temple de Jupiter Ammon dans l'oasis de Siwah, etc.

La persistance des sources n'est pas leur volume, et c'est une recherche fort curieuse que celle des rapports qui peuvent exister entre ces volumes et les quantités de pluie qui tombent chaque année sur les plateaux supérieurs à ces sources. Le rapport de M. de Maire nous donne à cet égard une foule de documents très-curieux. Mais les sources apparentes sur les deux versants du plateau de la Croix-Rousse qu'on veut nommer le *delta* bressan, sont-elles les seules qui soient formées par les pluies du plateau? Tout ne démontre-t-il pas, au contraire, qu'une grande quantité des eaux du plateau passe directement tant dans la Saône que dans le Rhône. QUELLE EST LA QUANTITÉ DES EAUX DE CES SOURCES (154)? Quelle est celle qui est

---

(153) Voilà une attestation, nette et tranchée, à laquelle, il faut en convenir, tout ce qui précède donne une grande valeur!

(154) De quelles sources veut parler M. Prunelle? si c'est des sources qui flueraient souterrainement, c'est-à-dire invisiblement, dans le lit du Rhône ou de la Saône, la question est ingénue; si c'est des sources comprises dans l'avant-projet de dérivation, la question est surprenante: il y a eu assez de jaugeages officiels par trois ingénieurs des corps

absorbée par la végétation, suivant que celle-ci est dirigée de telle ou de telle manière? C'est ce qu'on ne pourrait préciser, et c'est, à mon avis particulier et à celui de tous ceux qui ont étudié les questions de ce genre, s'aventurer beaucoup que de dire que l'existence des étangs de la Bresse n'entre pour rien dans la formation des sources de Royes, et principalement des sources de Fontaines et de Neuville. Il ne peut pas en être ainsi! la couche de vapeur aqueuse qui entoure la terre est d'autant plus haute et plus dense, que les surfaces du sol recouvertes d'eau sont plus étendues. Si l'évaporation est plus grande alors, et on ne peut le contester, la condensation de la vapeur, n'importe l'état où elle peut se trouver, est aussi plus abondante, et cette condensation fait la pluie. Si, là où se forme la vapeur aqueuse, certaines causes, telles que l'existence des bois, ne tendent pas à la retenir, cette vapeur traverse les airs sous forme de nuages, et ne retombe sur la terre souvent qu'à d'assez grandes distances des lieux où elle s'est formée. Les pics des montagnes et les arbres élevés la retiennent. Que les étangs disparaissent; de suite cette grande quantité de bois qui les entoure disparaîtra également, et avec eux les nuages qui entretenaient l'humidité du sol et par suite le volume des sources. Ainsi, gardons-nous de considérer celles qui sourdent des deux versants du plateau comme entièrement indépendantes de l'existence des ÉTANGS DE LA BRESSE (155).

---

royaux des ponts et chaussées et des mines, pour que M. le rapporteur fût bien renseigné, à moins qu'il n'ait pas fait plus d'attention à ces jaugeages, qu'à certains résultats d'analyses chimiques qui n'avaient pas l'art de lui plaire, à ce qu'il paraît.

(155) Pour détruire tout l'échafaudage de grands mots qui précède, il suffit de présenter, dans leur simplicité, les faits suivants : — Les sources comprises dans le projet de dérivation existaient, suivant des titres authentiques appartenant à diverses familles de Fontaine et de Neuville, à l'état de cours d'eau, de temps immémorial, lorsque l'on a commencé à établir des étangs sur le plateau de la Bresse et de la Dombe; donc les étangs n'ont pas produit les sources; — depuis un siècle, les étangs ont quintuplé en nombre ou en grandeur, et depuis un siècle les sources n'ont pas augmenté; — enfin, par suite d'un décret de la Convention du 4 décembre 1793 qui n'a été rapporté que le 1er juillet 1795, tous les étangs ont été momentanément desséchés, et les moulins mus par les eaux de ces sources n'ont pas cessé de tourner. Il n'y a

Quant à la durée des travaux entrepris, évidemment, un aqueduc en bonne maçonnerie dure plus, et n'est pas sujet aux mêmes réparations que les machines hydrauliques, quelle qu'en soit la nature. Vraisemblablement nous ne saurions rien, ou du moins très-peu de chose, de la manière dont les Romains conduisaient les eaux, s'ils avaient eu des machines de ce genre. Evidemment aussi, les risques d'interruption du service avec un aqueduc bien construit, sont nuls comparativement aux chances courues avec les machines les meilleures.

Mais, dans la question présente, qu'il s'agisse d'eaux du Rhône, qu'il s'agisse d'eaux de sources, nous avons toujours des machines ; seulement nous aurions à employer, avec l'eau de sources, des machines moins puissantes. Si, au lieu de prendre les eaux au niveau du bassin de Royes, nous pouvions les tirer des hauteurs de Rilleux, la question, ainsi que nous l'avons déjà fait remarquer, changerait complètement d'aspect (156).

---

donc pas de relation entre les sources et les étangs ; et si l'on desséchait ceux-ci, apparemment ce serait pour cultiver, après l'avoir rendu meuble et perméable, le sol qui les supporte, au travers duquel les eaux pluviales pourraient désormais s'infiltrer ; or, dans ce cas, les sources de la contrée risqueraient d'y gagner, mais non d'y perdre.

(156) Dans l'état actuel des choses, les sources comprises dans le projet de dérivation desserviraient, par l'effet de la pression résultant de la hauteur où elles arriveraient à Lyon sans autre secours que leur pente, les 9/10 au moins des besoins de la population lyonnaise, attendu que la fraction logée sur le haut des collines ne possède pas, dans cette situation, de grands établissements industriels consommant beaucoup d'eau. Or, n'était-il pas satisfaisant de penser qu'en vertu d'une galerie souterraine indestructible, il y avait certitude pour les neuf dixièmes de notre ville, de voir déboucher à perpétuité une rivière d'eau pure, tombant de plus de cent pieds pour remonter dans les ateliers, dans les ménages ? — L'inconvénient inévitable de l'emploi de quelques appareils mécaniques pour la Croix-Rousse et pour St-Just, peut-il donc atténuer la grandeur et le bienfait d'un tel résultat pour Lyon ?

6° Exécution.

La dérivation des sources des rives gauches de la Saône présente des difficultés de plus d'un genre. Les communes de Fontaine, de Neuville et autres, dont on se propose de réunir les eaux aux sources de Royes, protestent énergiquement contre cette mesure (157); il faut donc en venir à des expropriations qui, dit-on, ne sont pas sans précédents. Mais lorsqu'une ville est traversée par deux cours d'eau qui donnent ensemble, À L'ÉTIAGE 3,000,000 DE LITRES PAR SECONDE (158), est-on *recevable* à prouver que, pour obtenir l'eau suffisante aux besoins des habitants, on est dans la nécessité de dépouiller quatre communes, des eaux qui en alimentent la population, des eaux qui en irriguent les champs, des eaux enfin qui en meuvent les usines (159)?

Ce n'est pas tout; les voisins du *tunnel* qui conduira les eaux de sources à Lyon, en traversant le plateau de la Croix-Rousse, souvent à une profondeur de 5 mètres au-dessous de la surface du plateau, craignent pour les puits qui les alimentent, pour les sources qui, sur le versant du plateau, arrosent leurs jardins.

---

(157) Le Conseil municipal de la commune de Fontaine, quoiqu'en session légale pendant la durée de l'enquête publique, qui est restée ouverte pendant deux mois, n'a pas réclamé.

(158) Il est écrit que M. Prunelle ne posera pas un chiffre vrai. Ici, il attribue *trois mille* mètres cubes d'eau par seconde, en temps d'étiage, au Rhône et à la Saône réunis, qui n'en ont qu'un peu plus de *trois cents* (320 à la Mulatière) — Mais s'il n'avait pas de notions exactes à ce sujet, pourquoi en parlait-il?

(159) Dans cette partie du rapport consacrée à l'*exécution*, on croit lire l'œuvre d'un habitant de Neuville ou de Cailloux-sur-Fontaine, s'opposant de tout son pouvoir à une amélioration pour Lyon, par la crainte, sincère ou simulée, de quelque dommage (impossible sous notre législation) pour sa commune, ou pour lui-même. Mais M. Prunelle n'a pas l'honneur d'être conseiller municipal de Neuville ou de Cailloux, et n'est pas chargé de veiller à des intérêts ruraux (nullement en danger), qui d'abord ont des organes naturels, et qui ont ensuite au-dessus de ceux-ci, des tuteurs éclairés et impartiaux.

Ces voisins ont-ils torts? AFFIRMER LE CONTRAIRE (160), SERAIT IGNORER CE QUI SE PASSE TOUS LES JOURS DANS LE PERCEMENT D'UNE MINE. Le *tunnel* qui sera percé, aura beau être imperméable; les eaux, une fois descendues, ne remonteront pas; on ne peut pas empêcher que la loi de la gravitation ne s'exécute.

Tous ces intérêts, il est vrai, peuvent être ceux de quelques propriétaires lyonnais; ce ne sont pas ceux de la cité. D'accord; l'intérêt général doit toujours imposer silence à l'intérêt privé, toutes les fois que la dure loi de la nécessité se fait entendre. C'est cette nécessité que l'on conteste : partout, en effet, les eaux du Rhône peuvent remplacer les eaux des sources, et utilement même quelquefois.

Les eaux de sources, néanmoins, ont un avantage, dont nous avons peu parlé jusqu'à présent : celui d'arriver dans la ville à une hauteur de 34 mètres environ au-dessus du niveau de l'étiage du Rhône. Cet avantage n'empêchera pas, nous l'avons déjà dit, qu'on ne soit obligé d'en remonter une portion notable pour le service des quartiers supérieurs; il est même possible qu'avec cette hauteur de 34 mètres, le service des quartiers inférieurs ne fût pas convenablement assuré dans les rues les plus éloignées du bassin de distribution.

La quantité d'eau que peuvent fournir les sources est *d'ailleurs radicalement insuffisante*, suivant l'expression de M. l'ingénieur Pigeon (161), à tous les service

---

(160) Cela a pourtant été affirmé officiellement par M. l'ingénieur *des mines* du département du Rhône, dans des conclusions motivées, que ne devrait pas ignorer M. Prunelle, puisque c'est sur la demande écrite du président de la Commission municipale des eaux, que cet ingénieur a fait un Rapport spécial sur cet objet. A quoi servent donc de telles œuvres officielles, si ceux qui ont concouru à les provoquer les ignorent une fois faites, ou les passent volontairement sous silence?

(161) M. l'ingénieur Pigeon, ayant à présenter, comme Rapporteur d'une Commission de la Société d'agriculture, des *études sur l'établissement d'un service hydraulique dans Lyon et ses faubourgs*, est arrivé à cette conception, parfaitement soutenable, de prendre pour le service de la voirie et des fontaines monumentales, 80,000,000 de litres dans le lit du Rhône, sans s'embarrasser, bien entendu, de leur filtration, et de consacrer les sources aux usages qui réclament de l'eau pure. Or, comme il savait, par ses propres jaugeages, que celles comprises dans le projet de dérivation ont un volume d'environ 16,000,000 de litres, on conçoit

de la ville de Lyon proprement dite, à plus forte raison aux besoins de la Croix-Rousse, de la Guillotière et de Vaise, qui, pour la première de ces villes surtout, sont grands et urgents.

Quant aux difficultés d'art, la conduite des eaux de sources en présente de majeures, dans la composition de cet énorme massif de la Croix-Rousse, formé de strates de gravier mouvant, de sables, de molasses, de conglomérats de cailloux roulés ou bétons naturels. Les bancs de sable et de gravier mouvant qui peuvent être traversés ne s'ébouleront-ils pas sur les travailleurs ? On a parlé de nappes d'eau à rencontrer, comme dans les travaux de Marseille; l'opinion des géologues est que ces nappes d'eau n'existent pas.

Rien de semblable n'est à craindre dans la fourniture des eaux du Rhône. Les travaux de filtration et d'élévation des eaux ne présentent plus d'*inconnue*. Les dimensions à donner aux filtres pourraient même être très-approximativement calculées, d'après tous les faits observés sur la puissance filtrante du *diluvium* au milieu duquel coulent les eaux du Rhône. Une compagnie ne veut même pas de ces filtres! Quoi qu'il en soit, les eaux naturellement filtrées auront toujours à être élevées, soit à 40 ou 45 mètres, soit à 90 ou 95. Il n'existe aucun doute dans le choix des moyens d'élévation ; TOUS LES INGÉNIEURS ÉTABLISSENT QUE LES MACHINES A VAPEUR SONT LE PLUS SUR ET LE MOINS COUTEUX (162), surtout depuis le perfectionne-

---

bien qu'il ait fait la remarque qu'elles étaient insuffisantes pour cette double destination, dans le cas où elle serait admise.

Voici, au surplus, la dernière conclusion de son travail, très-remarquable à divers titres, laquelle a été adoptée, après une longue discussion et un vote, par la Société d'agriculture, et à laquelle il serait intéressant de savoir si M. Prunelle adhère :

« Le système combiné qui consisterait à prendre simultanément les « eaux des sources et les eaux du Rhône à leur état naturel, en consa- « crant les premières aux fournitures domestiques et industrielles et les « autres au service de la voirie et à l'entretien des fontaines, satis- « ferait à tous les besoins actuels de la population lyonnaise, et ce serait « un moyen de résoudre complètement la question. »— Il est certain que si l'on voulait laver les rues à grande eau, la parfaite limpidité de l'eau employée en ce cas serait peu nécessaire.

(162) L'opinion de plusieurs ingénieurs du plus haut rang, rapportée 15 pages plus loin, donne un nouveau et bien frappant démenti à M. Prunelle.

ment des machines employées à l'épuisement des mines, et qui consomment des 2/3 aux 4/5 de houille de moins que les machines ordinaires. Les difficultés se rencontreront dans la distribution des eaux, et ces difficultés appartiennent au même degré à toutes les eaux dont on peut faire usage.

Toutefois, on hésite sur le point à choisir pour filtrer et élever les eaux du Rhône. Car l'opération peut être faite sur les deux rives, et il existe des projets pour l'une et pour l'autre.

En préférant la rive gauche, on rencontre les eaux souterraines en immense quantité, mais on s'impose la construction d'un pont ou *viaduc*. C'est une dépense assez forte ! on ne la compenserait pas par la facilité qu'on aurait à recourir de ce côté à des moteurs hydrauliques.

En 1801 ou 1803, M. Cretet, alors directeur-général des ponts-et-chaussées, songea à un canal de dérivation des eaux du Rhône qui, arrivant aux Brotteaux sur les balmes viennoises avec une chute de 10 à 12 mètres, créait sur ce point une force de 2 à 3,000 chevaux. M. Cretet ne songeait alors qu'au besoin de porter ailleurs les moulins qui embarrassaient le cours du Rhône; M. de Cessart fit un projet que le Conseil des ponts-et-chaussés approuva, sur le rapport de M. de Prony; j'ai lu ce rapport, mais je n'ai jamais pu voir le projet, qui a été égaré. Assurément, si le canal eût existé, si on l'eût établi en 1832, ainsi que le projet en avait existé, on n'eût pas été embarrassé de trouver la force motrice nécessaire à élever les eaux du Rhône, partout où on l'aurait désiré. On a proposé également, sur la rive droite, un canal de dérivation qui eût fonctionné à la manière du canal Cessart ; ce canal ayant été reconnu d'une exécution très-difficile, pouvait être remplacé au besoin et dans l'intérêt seul des moteurs hydrauliques à appliquer à l'élévation des eaux, par UN CANAL MOINS LONG qui prendrait son origine AU-DESSOUS DU POINT DE CRÉPIEUX (163) en prolongeant la route de Genève jusqu'au dessous des Petits-Brotteaux. Ce canal séparerait les eaux de la montagne, ainsi que celles de la source martiale de St-Clair, tout aussi facile néanmoins à dériver maintenant qu'il peut

---

(163) Peut-on se tromper ainsi? Crépieux n'est pas à 500 mètres de l'atterrissement des Petits-Brotteaux, qui n'a que 1,500 mètres d'étendue, ce qui ne ferait pas même un total de 2,000 mètres pour ce canal de dérivation chargé de fournir par sa chute la force motrice nécessaire. Or, il a été démontré par M. le maire, d'après les chiffres réels de la pente du Rhône, qu'une étendue de 6,000 mètres ne serait pas suffisante. — Mais M. Prunelle écrit donc les noms de localités, comme les chiffres, au hasard ?

l'être, de ne pas admettre dans le *tunnel* des eaux de sources, la fontaine martiale de Neuville. Il est inouï que dans un pays tel que la France, un grand fleuve coule depuis Genève jusqu'à la mer, en engendrant une force immense par le volume et par la vitesse de ses eaux, et que cette force demeure presque complètement inactive.

Mais, tant qu'un canal de ce genre ne trouverait d'emploi que dans l'élévation des eaux de Lyon, c'est un moyen auquel il est impossible de songer, et qui, dans la situation présente, est jugé le plus coûteux par tous les hommes compétents.

Il n'a été fait aucune étude officielle d'une fourniture des eaux du Rhône ; à défaut d'études de ce genre, on ne peut se servir que de celles qui ont été faites dans l'intérêt des Compagnies financières. Je désignerai les Compagnies par le nom des auteurs des projets ; il en existe un de M. Dumont, ingénieur des ponts-et-chaussées, un autre de M. Vergnais, ingénieur civil ; M. Renaux nous a annoncé un troisième projet qui n'est point parvenu à la Commission. Ces projets sont pour la rive droite où les emplacements sont rares, il faut en convenir.

M. Dumont a proposé, le premier, je crois, l'emplacement dit des Petits-Brotteaux pour établir des galeries de filtration et le reste de son usine. M. Vergnais, qui ne veut point de galeries de filtration, se contente de simples puisards, dont il n'indique pas l'emplacement.

Ces messieurs proposent, l'un et l'autre, d'élever les eaux à deux hauteurs différentes, mais toutes à l'état de complète filtration. S'il en était autrement, on ferait, dans le premier cas, une dépense complètement inutile dans l'élévation des eaux destinées au service inférieur ; et, si le service de la voirie et des fontaines de décoration se faisait avec une espèce différente d'eau, IL FAUDRAIT DOUBLES MACHINES A FEU, doubles bassins de distribution, DOUBLES CONDUITES (164), et double embarras au moins dans nos rues, déjà si étroites.

Le choix des appareils nécessaires à l'élévation d'une si grande masse d'eau n'a pas embarrassé les auteurs des projets. Il n'y a plus d'hésitation possible ; le perfectionnement qu'ont reçu les machines à vapeur dans le comté de Cornouailles est

---

(164) Il n'y aurait pas besoin de *doubles machines à feu* : comme l'eau destinée au service de la voirie ne devrait être élevée qu'à quelques mètres au-dessus du sol, la force impulsive du courant du Rhône suffirait pour faire monter à la hauteur nécessaire (à peu près gratuitement), par l'emploi de roues telles que celles de la machine hydraulique du quai Saint-Clair, de grandes masses d'eau, prises dans le lit du fleuve. Quant aux *doubles conduites*, que repousse ici M. Prunelle, une disposition de son projet (v. pages 59 et 61) les rend indispensables. Quelle singulière contradiction !

très-connu dans le midi de la France; il existe une machine de ce genre à Rive-de-Gier, dans notre voisinage, et l'un des constructeurs des machines de Cornouailles habite Marseille.

M. Dumont a fait connaître les dimensions de ses bassins, qui ont un hectare, au moins, de surface. Ceux de Philadelphie sont beaucoup plus grands, puisqu'on dit qu'ils contiennent la provision de plusieurs jours, et que L'EAU Y SÉJOURNE ASSEZ LONGTEMPS POUR S'ÉPURER (165). A Lyon, cette épuration par le repos est tout-à-fait inutile; il nous faut des bassins couverts et parfaitement voûtés; ce qui en limite naturellement les proportions. L'eau doit toujours s'y trouver en telle quantité, que le niveau y reste constant, et que la puissance de charge sur les tuyaux de distribution ne varie jamais. Naturellement, je ne suivrai pas les auteurs des projets dans le calcul qu'ils ont fait de cette puissance de charge, suivant le diamètre des orifices, le volume d'eau à distribuer, les distances à parcourir, etc. Ce sont là des détails techniques qui ne sont pas de notre ressort. Ce qui appartient au Conseil municipal, c'est d'indiquer la quantité, la qualité de l'eau qu'il désire, ainsi que le mode de répartition que cette eau doit recevoir; c'est d'examiner les prétentions des fournisseurs, et de les réduire s'il les trouve exagérées. Ne perdons pas de vue, Messieurs, que de toutes les questions que nous sommes appelés à traiter dans cette enceinte, celle des eaux est la plus importante, tant sous le rapport du sujet que sous celui de la dépense. N'oublions pas que le travail que nous allons faire n'assure pas seulement le bien-être de la génération présente, mais la santé des générations futures. Réfléchissons que nous ne pouvons pas faire une mesquinerie dans une affaire aussi grande : nous ne donnerions que de l'embarras à nos successeurs : ils seraient forcés de refaire notre ouvrage, et de mettre ainsi au néant tous les sacrifices que nous nous serions imposés, et dont une partie retombe nécessairement sur eux.

Au reste, si les Compagnies se chargent de ce grand service des eaux, peu nous importent les moyens qu'elles auront choisis pour y pourvoir? Nous désirerons toujours qu'elles ne soient pas en perte; mais les mécomptes qu'elles peuvent éprouver sont leur affaire, et non pas la nôtre. La Commission a indiqué, dans ce

---

(165) Non, car il faudrait huit ou neuf jours pour cela. Il y a, il est vrai, deux bassins filtrants à côté d'un bassin de repos ou de réception de l'eau du Schuylkill, ce qui n'empêche pas les habitants de Philadelphie de n'avoir bien souvent à leur disposition que de l'eau trouble, tout comme les habitants de Lyon desservis par le bassin et le filtre du Jardin des Plantes.

Rapport, la qualité de l'eau qu'elle désire, la quantité qu'elle juge nécessaire; le cahier des charges précisera les détails de distribution, de manière à ce que l'eau soit mise à la portée de chaque habitant, et de celui qui habite Fourvières comme de celui qui demeure à la gare de Perrache.

Une distribution de ce genre exige, suivant MM. Dumont et Vergnais, un développement d'environ 70,000 mètres; peut-être même est-ce trop peu? La Compagnie Bonand, qui s'était formée dans la vue presque unique d'une distribution à domicile, ne comptait que sur un développement de 60,700 mètres. Aussi la Compagnie Bonand ne comptait-elle pour cette partie des travaux qu'UNE SOMME DE 700,000 FR., tandis que, dans les autres devis, cet article est porté à UNE SOMME DE 2,200,000 FR. (166).

(Ici se trouvent trois pages consacrées à la question des égoûts (166 *bis*) *à construire dans Lyon).*

---

(166) Cette différence de longueur de 60,000 mètres à 70,000 n'est point en rapport avec la différence existant entre 700,000 fr. et 2,200,000. Mais cette dernière provient en très-grande partie de ce que, du côté de la Compagnie des eaux de source, on savait qu'une amélioration (réalisée) de la plus haute importance, en fait de conduites pour l'écoulement de l'eau comme pour celui du gaz, permet une économie de 40 à 50 pour 100 sur les forts diamètres. D'autre part, pour le service de distribution des eaux du Rhône, que les machines n'élèveraient peut-être pas sans discontinuité pendant les vingt-quatre heures du jour, il est possible qu'il faille de nombreux réservoirs ou appareils quelconques, dont on n'a pas besoin dans le système de la dérivation des sources.

(166 *bis*.) Cette question, de la plus haute importance, ne peut être simplement effleurée dans un pays où elle n'a été encore traitée à fond, sous le rapport pratique, par aucun homme public, aucun homme d'art ou de science, comme la question d'une distribution d'eaux potables l'a été hygiéniquement et scientifiquement par MM. Imbert, Dupasquier, Brachet, Bottex, Bonnardet, Pigeon, — administrativement, par M. Terme, maire de Lyon. Le sujet des égoûts étant donc jusqu'à présent à peu près étranger à tous les esprits, il faudrait, pour réfuter quelques erreurs de ces trois pages, entrer dans des explications, rendues possibles par des informations récemment recueillies en plusieurs lieux, notamment par des

Maintenant, pour juger la valeur des demandes faites par les Compagnies qui se proposent pour l'entreprise, le Conseil municipal aurait besoin de connaître : 1° le prix auquel les eaux lui sont offertes par les Compagnies ; 2° le prix auquel ces eaux reviennent aux Compagnies elles-mêmes.

Répondre à la première question est chose comme impossible ; on sait très-bien le montant des sommes que chaque Compagnie entend recevoir de la caisse municipale ; ON IGNORE LA TAXE QU'ELLES IMPOSERONT AUX CITOYENS, CETTE TAXE FÛT-ELLE MÊME ainsi qu'on le propose, RÉGLÉE PAR UN TARIF (167). Car les trois Compagnies que nous avons nommées se sont formées dans le but de vendre autant d'eau qu'elles le pourraient. La Compagnie Bonand est celle qui a le plus nettement exprimé sa pensée sur ce point; ELLE A FORMELLEMENT DEMANDÉ LE PRIVILÉGE (168); et, moyen-

---

voyages et recherches à Paris et en Angleterre, mais exigeant des développements trop considérables pour être présentés ici, et qui d'ailleurs seraient en dehors du sujet sur lequel il s'agissait surtout de rectifier les énoncés fautifs de M. Prunelle.

(167) Comment peut-on l'ignorer, s'il y a un tarif? — De telles aberrations d'esprit ou de langage sont vraiment inconcevables.

(168) C'est l'inverse, absolument l'inverse qui est vrai. Voici, pour preuve, un extrait de la soumission qui, ayant été déposée, le 10 novembre 1841, avec l'avant-projet de la dérivation, entre les mains de l'autorité, a subi la formalité de l'enquête publique, puis a été imprimée et a passé sous les yeux de M. Prunelle, avec toutes les autres pièces de l'enquête :

« Après la dérivation des eaux de source du versant occidental du plateau de la Dombe, *tout le monde restera libre de faire venir à Lyon et d'y distribuer des eaux d'origine et de nature différentes*, s'appliquant à toute espèce d'emploi. Il n'y aura donc, par le fait de l'entreprise dont il s'agit, aucune atteinte, *aucune dérogation à la faculté, pour chaque citoyen, de se servir à son gré des eaux qui existent actuellement à Lyon et de celles qui peuvent y être amenées par la suite.* »

Voudrait-on alléguer ou insinuer que *le privilége* fût résulté de quelque entente avec M. le Maire? En ce cas, il suffit de reproduire le passage suivant du Rapport présenté par ce magistrat au Conseil municipal, en novembre 1843 :

nant la garantie d'UN INTÉRÊT REVENANT A 4 1/2 p. % (169) sur 5,000,000 fr., elle accordait gratuitement à la ville une fourniture de 3,000,000 de litres pour la voirie; ce qui eût porté le mètre cube d'eau, ÉVENTUELLEMENT, il est vrai, AU PRIX DE 66 fr. (170) prix qui a été abaissé ensuite de moitié dans la lettre adressée par M. Bonand à la Commission des eaux, sous la date du 22 avril 1844; lettre par laquelle M. Bonand, renonçant à toute garantie d'intérêt antérieurement stipulée, laissait la Ville maîtresse de prendre ou de ne pas prendre des eaux, au prix de 33 fr. le mètre. Les 4,000 mètres offerts par la Compagnie Dumont reviendraient au prix de 30 fr.; les 12,000 mètres offerts par la Compagnie Vergnais ne seraient payés qu'à raison de 12 fr. 05 c. le mètre cube.

« ... Il faut bien, en effet, que je le dise : le système que je propose « d'adopter *n'est point exclusif;* et toute compagnie, toute entreprise « particulière qui croira trouver de l'avantage à distribuer les eaux de « nos fleuves *concurremment avec les eaux des sources*, non seulement ne « devra pas rencontrer des obstacles dans l'administration, mais *devra,* « au contraire, *y trouver un loyal et sincère appui.* »

Eh bien! ces textes ont-ils quelque ambiguïté? Fournissent-ils le moindre prétexte à l'assertion si précise de M. Prunelle, qu'on ne sait dès lors comment qualifier?

(169) Il n'a jamais été question de 4 1/2 p. o/o; ce chiffre n'est écrit nulle part, et il ne résulte d'aucune clause, d'aucune disposition quelconque.

(170) Pourquoi M. Prunelle, au lieu du simple mot jésuitique *éventuellement*, n'explique-t-il pas que ce prix de 66 fr. pour la ville n'eût existé que dans le cas unique, dans le cas impossible, où la Compagnie n'eût pas vendu un seul litre d'eau dans Lyon, et où l'annuité communale fût restée intégralement de 200,000 fr.; car il était dit dans le projet de traité, auquel M. Prunelle fait ici allusion, que : « tout le produit net de « la vente des eaux dans l'enceinte de Lyon viendrait en déduction de « l'annuité garantie par la ville, *jusqu'à l'époque où cette annuité serait « complètement éteinte.* » Et la vérité et certaine convenance auraient encore voulu que M. Prunelle eût fait observer qu'après l'extinction de ladite annuité, dont l'époque pouvait ne pas être très-éloignée, chacun des 3,000 mètres cubes de la fourniture publique, toujours subsistante, *n'eût rien coûté à la caisse de la ville.*

Nous sommes un peu plus avancés sur les prix de revient. Les Compagnies ont communiqué à votre Commission les devis qu'elles ont reçus de leurs ingénieurs. Ces devis, la Commission ne les a considérés que comme des approximations; car il serait possible que telle Compagnie eût intérêt à enfler le taux de ses dépenses, et telle autre à les diminuer; ensuite, comme dans tous les devis du monde et par cette raison seule que ce sont des devis, il y a des dépenses oubliées et des dépenses évaluées trop haut ou trop bas. Chaque Compagnie, procédant par un système différent, a des dépenses à faire toutes différentes aussi des dépenses des autres Compagnies. Toutes ces Compagnies ont une dépense commune, celle de la distribution, parce qu'ici le cahier des charges les obligera les unes et les autres à procéder de la même façon.

Les devis des Compagnies Dumont et Vergnais ont été établis sur une fourniture de 16,000,000 de litres; ceux de la Compagnie Bonand, sur le produit total des sources, QUI EST DE 15,000,000 DE LITRES (171), produit nécessairement variable, comme celui de toutes les sources possibles, depuis celui de la source la plus modeste jusqu'à celui de la fontaine de Vaucluse.

---

(171) Mais ce chiffre de 15,000,000 n'est pas un *maximum*, tant s'en faut puisque M. l'ingénieur en chef des mines Puvis, dans un jaugeage opéré au milieu des jours les plus chauds (le 11 juillet) de 1842, a constaté, pour ces mêmes sources, la quantité de 20,122,000 litres par vingt-quatre heures. Au surplus, la quantité de 15 à 16 millions fournie par les sources, suffirait pour donner 90 à 100 litres par tête et par jour à toute la population de la ville de Lyon, soit environ 400 litres à chaque ménage, chacun d'eux étant composé, en moyenne, de quatre personnes), ou bien 70 litres à tous les individus des quatre communes lyonnaises, ce qui ferait 280 litres par jour pour chacun de leurs ménages. Que voudrait-on de plus? De l'eau pour passer dans les égoûts à construire? Mais ces masses d'eaux de source, après les divers usages de propreté ou manipulations d'industrie auxquels elles auraient servi, ne seraient-elles donc pas parfaitement bonnes pour cet emploi? — A Edimbourg, où fonctionne l'un des plus parfaits services d'égoûts, les sources dérivées, qui ne donnent que 55 à 60 litres par tête et par jour, suffisent, dans des canaux d'une forme judicieuse, construits sur un plan d'ensemble, pour entraîner toutes les matières jusqu'à leur débouché, au bout de la ville, qui est exempte d'émanations, si funeste ailleurs.

Voici l'état comparatif des dépenses propres à chacune des Compagnies et des dépenses communes à chacune d'elles.

(*Dans cet état, formant un grand tableau, le devis du projet des eaux de sources est établi ainsi :*

Achat des sources et indemnités (172).	2,900,000 fr.
Remboursement de frais (173)	400,000
Construction du tunnel	2,600,000
	5,900,000
A quoi est ajouté un chiffre, commun aux trois projets, pour tuyaux et appareils de distribution et 400 bornes-fontaines. .	2,074,839
Total . . .	7,974,839 fr.)

---

(172) M. Prunelle a-t-il écrit le chiffre 2,900,000 *par erreur*, ou bien est-ce une faute d'impression ? Il est triste de dire qu'on ne peut guère s'arrêter à cette dernière hypothèse. Quoi qu'il en soit, voici le texte de cet article dans le devis authentique, dont un exemplaire était sous les yeux de M. Prunelle, quand il faisait son rapport :

« 1° Achat des eaux, ainsi que de tous les droits en vertu desquels on en use pour force motrice ou irrigation, suivant des états détaillés pour chacun des cours d'eau de Neuville, de Fontaine, de Ronzier et de Roye, et d'après des promesses de vente de la part des principaux propriétaires de sources et d'usines. Somme brute, 2,500,000 fr.; somme nette, 1,900,000 fr. »

C'est donc un million à retrancher du montant de la première addition, qui n'est plus alors que 4,900,000 fr. ; et d'où il résulte que pour cette somme on amènerait par une galerie indestructible de 1 m. 85 sur 1 m. 50, et l'on ferait déboucher du sous-sol de la place du Perron une rivière d'eau fraîche et cristalline, de 15 à 20,000 mètres cubes par jour. Un tel résultat, même sous le rapport économique ou pécuniaire, peut défier toute comparaison avec d'autres systèmes.

(173) Dans le même devis authentique, le chiffre 400,000, que M. Prunelle porte uniquement pour *remboursement de frais* (encore par erreur, à moins que ce ne soit par une intention peu bienveillante), s'applique

Il résulte de ce tableau que les dépenses de la Compagnie Bonand EXCÈDENT DE 3,872,154 fr. (174) les dépenses de la Compagnie Dumont; que celle-ci, à son tour, a une dépense de 216, 125 fr. plus forte que celle de la Compagnie Vergnais.

Le prix de revient du mètre cube d'eau ne peut donc pas être le même pour les trois Compagnies, puisque la Compagnie Bonand a, en frais d'établissement, 531 fr. 54 c. pour chaque mètre cube d'eau, à raison d'un débit de 15,000 mètres; les frais d'établissement, pour une quantité égale, sont de 256 fr. 43 c. chez la Compagnie Dumont, et de 243 fr. 41 c. chez la Compagnie Vergnais.

Le prix de revient des eaux de sources se trouve donc ainsi un peu plus que double de celui des eaux du Rhône; C'EST CE QUI NE PEUT PAS ÊTRE CONTESTÉ (175).

Votre Commission a pensé, que la somme de 600,000 fr. représentant le capital de 30,000 fr. annuellement employés en consommation de houille et frais d'entretien et de surveillance, ne serait pas assez forte, vu l'augmentation de prix dont la houille est menacée, et qui devrait être comptée 2 fr. les 100 kil., au lieu de 1 fr. 50; ce qui ferait, pour 90 chevaux de vapeur, une consommation annuelle de 9,460 quintaux métriques. La Commission a cru également qu'il fallait se mouvoir aisément dans le chiffre qui serait consacré aux frais d'entretien et de salaire, CHIFFRE QUI, SUIVANT M. PIGEON (*Annales de la Société d'Agriculture de Lyon*. VII, p. 283), EST DE 100,000 fr. (176) et que la Commission porte à 400,000 fr., qui sont aussi la

---

non seulement à cet objet, mais aussi aux indemnités qu'il y aurait à donner pour les terrains sur toute la ligne suivie par l'aqueduc, depuis Neuville jusqu'à Lyon. Certes, cela valait la peine qu'on en dît un mot.

(174) L'erreur d'*un million de francs* en plus, qui vient d'être signalée, subsiste dans tous les chiffres et pour tous les parallèles ou raisonnements subséquents.

(175) Cela peut tellement être contesté, *au su de M. Prunelle*, qu'un ingénieur, dont il cite le travail, imprimé dans les Annales de la Société d'Agriculture de Lyon, concernant la puissance de charge nécessaire à l'eau distribuée à domicile, et la force motrice des machines à vapeur du système de Cornouailles, a fait suivre ce travail, présenté au nom d'une Commission, d'une note en son nom personnel, qu'on lira ci-après, laquelle donne un démenti formel à l'assertion ci-dessus.

(176) Est-il possible d'abuser ainsi de la liberté qu'on se donne de faire parler à sa guise, de compromettre tout à son aise, un honorable ingénieur du corps royal des mines?—Mais, si l'énoncé que rapporte M. Pru-

somme représentative de la valeur de 9,460 quintaux métriques de HOUILLE A 2 fr. LES 100 KILOGRAMMES (177).

---

nelle existait réellement, ce n'est pas dans le cabinet d'un ingénieur qu'il aurait été écrit, c'est dans une maison d'aliénés. Est-ce donc un autre qu'un insensé qui pourrait dire que *le chiffre des frais d'*ENTRETIEN ET DE SALAIRES d'un établissement de machines à vapeur de la force de 90 chevaux, *est seulement de* 5,000 *fr. par année, représenté par le capital de* 100,000 *fr.?* — Voici ce qu'a dit M. Pigeon, non à la page 283 des Annales de la Société d'Agriculture, car son travail finit à la page 261, mais à la page 250, où il compare les frais annuels d'une force motrice empruntée à un canal de dérivation, avec ceux de la force motrice fournie par la vapeur :

« Prenons *encore* une somme annuelle pour l'EXCÉDANT de dépenses « d'entretien et de surveillance, dont on pourrait se passer, si l'on se « servait de moteurs hydrauliques. Le capital correspondant sera de « 100,000 fr. »

Ainsi, c'est un simple *excédant* que M. Prunelle présente comme *la somme entière des frais;* ainsi, c'est sciemment qu'il met une extravagance dans la bouche d'un ingénieur de l'Etat, en fonction dans notre département!

(177) Le chiffre de 2 fr. pour 100 kil. de bonne houille est-il actuellement suffisant? N'est-il pas déjà dépassé, dans la réalité, puisque c'est celui qu'avaient porté dans leurs calculs, en 1843, *d'après les prix payés en* 1842, les hommes compétents que comptait la Commission d'enquête, et qu'avaient confirmé, *d'après leur propre expérience*, d'honorables praticiens, propriétaires de l'important établissement de mouture à vapeur de Vaise? En tout cas, ce chiffre ne sera-t-il pas insuffisant dans un avenir de dix années seulement? Et enfin, au-delà d'une période semblable, cette insuffisance ne s'accroîtra-t-elle pas progressivement? Pour répondre à ces questions, l'on n'a qu'à emprunter le passage suivant d'un rapport que M. Prunelle a lu, le 12 mars dernier, au Conseil municipal de Lyon, relativement à l'Association houillère :

« Ce serait tomber dans la plus étrange des erreurs que de s'en rap-

AVEC UNE FOURNITURE DE 30,000,000 DE LITRES, les frais d'entretien et de salaire augmenteraient dans une faible proportion, mais la consommation augmenterait de beaucoup; NOUS DOUBLONS DONC, ET PORTONS A 1,200,000 fr, LE CAPITAL REPRÉSENTANT LES DÉPENSES ANNUELLES (178). C'est 200,000 fr. environ EN SUS DES PRÉVISIONS DE

« porter aux paroles par lesquelles on se serait engagé à ce que le prix « de la houille s'abaissât plutôt que d'augmenter, à ce que du moins « il restât stationnaire ? Ces paroles, personne n'a eu qualité pour les « mettre en avant, personne n'aura le pouvoir de tenir les promesses « qui y sont renfermées. S'il en était ainsi, la Compagnie charbonnière « vendrait *en* 1916, *époque* où, suivant quelques calculs, *les houillères* « *n'auraient plus que dix ans d'existence*, l'hectolitre de houille au prix « du marché de 1846, *époque où la masse de houille existant est calculée* « *comme devant fournir aux besoins* D'UNE PÉRIODE DE 80 ans!!! Tout le « monde comprend que la masse des houilles ne s'augmentant pas, se « diminuant chaque jour, le prix auquel elles sont livrées tend néces- « sairement à s'accroître, en raison d'une consommation plus grande, « en raison des frais de l'exploitation qui devient plus difficile et con- « séquemment plus coûteuse, alors même qu'aucune hausse ne se ferait « sentir dans les salaires. »

Voilà exactement ce que disait M. Prunelle, le 12 mars 1846, aux membres du Conseil de la cité; et c'est le 4 mai suivant, cinquante-trois jours après, qu'ayant à déterminer les bases d'un service public qui doit être éternel, se rapportant à des besoins qui le sont, il est venu proposer de fonder ce service sur l'emploi d'un élément qu'il a dit lui-même ne devoir plus exister près de nous dans 80 années!

(178) Ainsi M. Prunelle fixe à 60,000 francs les dépenses annuelles *de houille, d'entretien et de salaires*, pour l'élévation quotidienne, par des machines à vapeur, de 30 millions de litres, dont 3,788,000 (soit en nombre rond 4 millions) sur le plateau de la Croix-Rousse, qui est à 90 m. au-dessus du Rhône, et le reste à des hauteurs qui, eu égard à celles de 100 à 120 m. du plateau de Saint-Just, et de 135 m. du mamelon de Fourvière, que M. Prunelle veut comprendre dans la distribution telle

M. Pigeon (179) qui paraît avoir fait, comme ingénieur des mines, une étude approfondie des machines à vapeur.

Les frais de la Compagnie Dumont s'élèveraient donc à 4,302,685 fr., au lieu de 4,102,645 fr., et les frais de la Compagnie Vergnais à 4,086,560 fr.; au lieu de 3,886,560 fr.

Et pour une fourniture de 30,000,000 de litres, au lieu de 16,000,000 (180), on

---

qu'il l'indique, peuvent équivaloir à un niveau moyen d'environ 50 m. au-dessus des eaux du Rhône. Retenons ce chiffre de 60,000 fr., pour le comparer à celui qui ressortira de quelques calculs exacts et de quelques faits réalisés.

(179) Mais, dans le passage du projet de M. Pigeon (présenté sous forme d'Etudes sur la question de l'établissement d'un service hydraulique), pages 256 et 257 des Annales, où se trouve le calcul que mentionne ici M. Prunelle, il s'agit du moteur à établir et de la dépense à faire pour élever à un *maximum* de 20 mèt. seulement de hauteur 30 mille mètres cubes, pris dans le courant du Rhône, pour les besoins de la voirie et le jeu des fontaines monumentales; il n'est nullement question de porter cette eau sur les flancs de nos collines, ni sur les plateaux de la Croix-Rousse et de Saint-Just, encore moins sur la montagne de Fourvière. Voilà ce qu'il fallait dire, au lieu de prêter des chiffres ridicules à un honorable membre du corps royal des mines, au lieu de vouloir, contre toute vérité et toute convenance, faire partager une solidarité fort compromettante à un ingénieur, qu'on a soin de représenter comme ayant fait une étude approfondie des machines à vapeur.

(180) De plus fort en plus fort! Mais ceci passe toutes les bornes, et va au-delà de l'absurde. « Les frais de la Compagnie Dumont, dit « M. Prunelle, s'élèveraient à 4,302,685 fr., et ceux de la Compagnie « Vergnais à 4,086,560 » (pour fournir, élever et distribuer 16 millions de litres par jour, comme, du reste, M. Prunelle va le dire lui-même). « Et pour une fourniture de 30,000,000 de litres, au lieu de 16 mil- « lions, on aurait une dépense totale de 4,502,685 avec M. Dumont, de « 4,286,560 avec M. Vergnais, » c'est-à-dire 200,000 fr. de plus de dépense, pour ajouter à 16 millions de litres une quantité presque égale

aurait une dépense totale de 4,502,685 avec M. Dumont de 4,286,560 avec M. Vergnais (181).

---

de 14 millions par vingt-quatre heures! Qu'en dites-vous, lecteurs? Deux cent mille francs, pour ce doublement d'une fourniture déjà très-considérable! — Eh bien! qu'y a-t-il là d'extraordinaire? diront beaucoup de personnes; c'est une dépense nouvelle de 200,000 fr. par année. — Pas du tout, pas du tout; dans la pensée, ou du moins dans le rapport de M. Prunelle, c'est 200,000 fr. *en capital*, ce qui correspond à 10,000 fr. de dépense par année. Ainsi, avec 10,000 fr. par année on paiera l'intérêt des sommes comptées pour acheter une grande étendue de terrains et y construire 1,500 mèt. de galeries d'infiltration, à ajouter aux 1,700 mèt. préexistants de la Compagnie Dumont, lesquels figurent dans son devis pour 381,500 fr., non compris l'acquisition des terrains! Avec ces 10,000 fr. on paiera encore l'intérêt du prix d'achat, ainsi que les frais d'entretien et de remplacement de nouvelles machines, capables d'élever 14 millions de litres sur tous les points de l'agglomération lyonnaise, et, bien entendu, tous les milliers de quintaux métriques de houille qu'elles consommeront! Toujours avec ces mêmes 10,000 fr. on acquittera l'intérêt du million de francs à ajouter aux deux que M. Prunelle a voulu porter comme représentant le coût des conduites et appareils nécessaires pour la distribution de 16 millions de litres (ce n'est pas trop d'ajouter seulement la moitié en sus pour cette dépense, quand on double à très-peu près le volume d'eau à faire écouler)! Avec ces 10,000 fr., enfin, l'on fera, ou du moins l'on devra faire quelque chose de très-ressemblant au miracle des cinq pains!! — En vérité, ce qu'il y a de plus extraordinaire en cela, c'est le sans-façon avec lequel M. Prunelle s'est permis, en plein Conseil municipal, à l'hôtel-de-ville de Lyon, des excentricités, auxquelles on n'aurait pas du s'attendre en un tel lieu.

(181) Au milieu de tous ces énoncés de chiffres plus ou moins fautifs, et à la suite de tant d'erreurs de fait ou de raisonnement, il est à propos, pour reposer l'esprit, fatigué d'inexactitudes et d'absurdités, de montrer ici jusqu'à quel point il est vrai que *tous les ingénieurs*, comme

Les frais de construction des égoûts ne sont pas compris dans ces sommes diverses. 35,000 mètres courants environ d'égoûts de 2 mètres de hauteur sur 1 mètre

---

l'a dit M. Prunelle, (v. page 80), *établissent que les machines à vapeur sont le plus sûr et le moins coûteux* des moteurs.

M. Jules Teissier, d'Anduze, auteur de la conception grandiose du rétablissement de l'aqueduc romain du Gard, au profit de la ville de Nîmes, poursuit la réalisation de cet utile et beau projet, avec talent, foi et persévérance, mais en rencontrant bien des difficultés sur sa route, comme tout homme qui s'aventure hors des sentiers battus. M. Teissier aurait bien voulu ramener à Nîmes les eaux mêmes de la fontaine d'Eure, jadis dérivées par les Romains; mais divers obstacles lui ont fait adopter l'idée de se servir d'une chute du Gardon, à quelque distance en amont du pont du Gard, si bien conservé, et d'élever, par la force motrice de cette chute, une portion des eaux du Gardon, ordinairement claires en cet endroit, jusque dans l'ancien aqueduc, qui serait restauré depuis là jusqu'à Nîmes. Or, pour cette partie de son plan il a de sérieux combats à soutenir contre les partisans outrés des machines à vapeur, qui voudraient substituer à son moteur hydraulique des machines à feu du système de Cornouailles. Pour éclairer et fortifier sa conviction, ou pour la modifier, s'il y avait lieu, M. Teissier a fait un appel, qui n'a pas été vain, à plusieurs ingénieurs aussi distingués par leur mérite que par leur rang. Voici quelques extraits des réponses reçues et publiées par M. Teissier (Etudes, etc. — Tome 2, chap. IV) :

Opinion exprimée par M. Gaymard, ingénieur en chef de l'arrondissement minéralogique de Grenoble, directeur des mines, division du sud-est, le 9 mai 1846.

« ..... » Dans mon inspection qui comprend huit départements, nous avons toutes les machines, depuis le rouet du moulin primitif des Alpes jusqu'à la belle machine du *Rocher-bleu*. Ici la dépense est presque nulle, parce qu'on ne consomme que des menus lignites, qui sont sans emploi, et, par conséquent, sans valeur ; c'est un cas particulier.

« Je n'emploie les machines à vapeur qu'à mon corps défendant ; les ingénieurs des Alpes donnent toujours la préférence aux cours d'eau, et je pense, comme

50 de largeur, à 90 fr., prix auquel on pourra les obtenir, font une dépense additionnelle de 3,150,000 fr. quelles que soient les eaux que l'on choisisse.

---

vous, que deux kilogrammes de charbon (par force de cheval et par heure), ne sont pas suffisants, en moyenne. — On peut ne brûler que cette quantité pendant quinze ou trente jours; mais à la fin de l'année on aura consommé les trois kilogrammes... »

Opinion exprimée par M. Moisson-Desroches, ingénieur en chef des mines de première classe, chargé de coordonner, pour les publications annuelles, les documents statistiques transmis à l'administration, relativement aux machines à vapeur, — à la date du 22 juin 1846.

« Nul n'est un partisan plus prononcé des machines à vapeur que moi ; cependant, leur dépense journalière en houille, main-d'œuvre, entretien, est si élevée, et ces machines sont sujettes à tant d'avaries, que nous, *Ingénieurs des mines*, nous nous garderions bien d'y recourir, si nous avions à notre portée une chute et une masse d'eau suffisantes.

« Pour la dépense journalière des machines à vapeur, il ne faut pas s'en rapporter aux prospectus : *depuis sept ans que je suis chargé de la coordination des résultats statistiques des appareils à vapeur, j'ai pu m'en apercevoir.*

« Les machines de Cornouailles peuvent effectivement, *avec des morceaux choisis d'une excellente houille, et des chauffeurs actifs, intelligents. ne consommer qu'un ou deux kilogrammes ; mais, dans une pratique ordinaire, la consommation sera bien plus élevée et vous faites fort bien de la porter à trois.*

« Poursuivez votre tâche sans relâche et avec confiance.... »

Opinion exprimée par M. de Billy, ingénieur en chef des mines, à la résidence de Strasbourg, le 2 mai 1846.

« La province d'Alsace, ou j'exerce mes fonctions depuis près de vingt ans, est une contrée de grande fabrication, renfermant une réunion d'industriels du premier mérite, entre autres de fort bons constructeurs. Le seul département du Haut-Rhin emploie des machines à vapeur dont la force totale dépasse aujourd'hui 2,500 chevaux. La houille y est fort chère, on est donc intéressé à l'économiser beaucoup, et tout le monde, fabricants et constructeurs, s'applique à cette épargne avec la plus grande et la plus intelligente persévérance. Aussi est-on parvenu, à force d'essais et de perfectionnements dans la construction des machines, à force de vigilance et d'adresse de la part des chauffeurs, à réduire considérablement la consommation de ce combustible.

« *Néanmoins, on n'est pas arrivé, en marche régulière, jusqu'à deux kilogrammes par heure et par cheval.*

« Deux constructeurs m'ont assuré qu'on descendait jusqu'à 2 — 40 ; mais il résulte des renseignements qui m'ont été tout récemment fournis par des industriels possesseurs des machines les plus parfaites du Haut-Rhin, machines dont la force est de 30 à 40 chevaux, et qui sont, comme celles de Cornouailles, à haute pression et détente variable, qu'en réalité, la consommation moyenne pour une marche d'une certaine durée, *n'est pas au-dessous de trois kilogrammes.* On fait usage d'un combustible qui me semble être sur le même rang que la houille de vente ordinaire d'Alais.

« Pour des machines moins parfaites, mais construites sur le même principe, la consommation s'élève à 3 1/2 kil. et même au-delà.

« *J'en conclus que, même avec des appareils à haute pression et détente variable, bien construits et bien surveillés, il ne faut par compter, dans l'état actuel des constructions, sur une consommation au-dessous de trois kilogrammes de houille par heure et par cheval.*

« On m'a parlé d'offres faites par des constructeurs anglais, d'établir des moteurs à vapeur qui ne brûleraient que 1 kilogr. 60, et même 1 kilogr. 40, *avec garantie d'une année*, pour laquelle on laisse un cinquième du paiement entre les mains de l'acheteur ; mais, si je suis bien informé, ce cinquième pourrait être perdu pour eux sans compromettre beaucoup leurs intérêts. La garantie n'est donc pas d'une grande importance....

« Il m'a semblé que vous aviez omis, dans votre livre, de prendre en considération les frais nécessaires pour le renouvellement de la machine, après un temps qui ne serait pas long pour un appareil destiné à fonctionner sans interruption.

Opinion exprimée par M. Diday, ingénieur des mines, auteur d'expériences sur la machine d'épuisement de la mine de lignite du *Rocher-Bleu*, rapportées dans les Annales des mines, 4e séri e, t. 2, actuellement à la résidence de Marseille. Lettre u 2 avril 1846.

« Je n'ai point r é pété mes expériences premières sur la machine du *Rocher-Bleu*.

Elle marche habituellement avec des charbons de mauvaise qualité, pris sur la mine, qui ne coûtent rien à la Compagnie. On la déciderait difficilement à des essais nouveaux à faire avec des charbons meilleurs, ce qui la constituerait en dépense. Cependant, vers la fin de 1845, ayant cherché faute de mieux, à évaluer la consommation ordinaire de cette machine en charbon *menu terreux*, la moyenne d'un travail de douze heures, pendant lesquelles on marchait à cinq coups par minute, *me donna 4 kilogr. 67 de consommation par heure et par force de cheval*; un autre essai réclama 4 *kilog.* 50 à 10 coups par minute; le charbon employé dans une expérience devait être un peu meilleur que dans l'autre; mais c'était toujours une qualité inférieure dans les deux cas. »

(Ce qui précède indique clairement que pour obtenir les effets de la machine du système de Cornouailles, qui sont souvent cités, il est indispensable d'avoir du charbon de très-bonne qualité, par conséquent d'un prix très-élevé ; à défaut de quoi, les effets obtenus se rapprochent sensiblement des résultats donnés par les machines ordinaires).

M. Diday ajoute :

« Dans la plupart des mémoires écrits sur les machines de Cornouailles on néglige de distinguer la machine à vapeur elle-même des pompes qu'elle met en mouvement ; et celles-ci, (*pompes à plongeurs*), ont tant d'avantages qu'on ne saurait trop en recommander l'emploi.

« En thèse générale, on doit répudier la machine à vapeur, *même moins dispendieuse*, là où l'on peut obtenir le même effet au moyen d'une chute d'eau. Vainement allèguerait-on, en faveur de l'emploi du feu, l'économie de premier établissement ; doit-on hésiter à sacrifier quelques centaines de mille francs, lorsqu'il s'agit de soustraire une ville à une charge considérable, perpétuelle, et qui doit s'aggraver de plus en plus ?...

« Avec une machine à vapeur, indépendamment de la dépense en combustible, il faut des mécaniciens habiles et soigneux, que l'on paie cher ; les réparations sont plus coûteuses ; — enfin, les chaudières doivent subir de temps à autre, des réparations importantes, puis même être changées. Les négligences dans le nettoyage, dans la conduite du feu, en abrègent la durée, ce qui peut causer des chômages nuisibles et réclame des dépenses considérables, pour lesquelles il sera toujours sage d'ouvrir un crédit éventuel au budget municipal....

« Si les roues hydrauliques doivent être en général adoptées plutôt que les machines à vapeur, combien cette préférence n'est-elle pas spécialement motivée, lorsqu'il s'agit de fournir à perpétuité aux besoins d'une ville importante !...

« *Nous sommes à une époque où la consommation du charbon va en s'accroissant d'une manière vraiment effrayante;* aussi cherche-t-on, par les inventions les plus ingénieuses, à l'amoindrir autant que possible....

« Vous savez que des explorations et des calculs d'ingénieurs, cités par M. le maire de Lyon, fixent à quatre vingts ans l'épuisement du vaste bassin houiller de la Loire, en n'admettant que l'extraction actuelle. M. Cachelièvre, auteur d'un projet pour la traction sur les chemins de fer, ne pense pas, qu'en présence des nouveaux besoins qui se manifestent, la durée de ce bassin puisse dépasser soixante-cinq ans. Il est donc probable que, dans un avenir que l'on peut dire très-prochain lorsqu'il s'agit d'une ville, le prix du charbon devra s'élever considérablement, si l'on ne trouve le moyen d'en diminuer la consommation. Les améliorations dans les appareils ne remédieront que faiblement à ce mal, car, à chaque perfectionnement nouveau, il faut, ou supporter les frais d'établissement de machines nouvelles, ou, malgré l'augmentation du prix du combustible, en consommer la même quantité avec des artifices surannés. »

Maintenant, si l'on veut faire la répartition des 30,000 mètres cubes du projet de M. Prunelle, afin de savoir, par la force motrice qu'il requiert, et avec les données qui précèdent, la dépense de combustible à laquelle il donnerait lieu, on arrivera nécessairement à quelque chose de peu différent de ce qui suit :

3,788 m. c	à la Croix-Rousse..	à la hauteur de 100 m.
500	à Fourvière.	à 140
500	à Saint-Irénée	à 120
1,000	à Saint-Just.	à 110
1,212	sur le plateau des Chartreux, des Pierres-Plantées et des Bernardines	à 100
5,000	sur les collines, au nord et à l'ouest, moyennement,	à 70
18,000	à Lyon, la Guillotière et Vaise, moyennement,	à 30
30,000		

Ces quantités, multipliées par ces hauteurs, donnent pour résultat 1,630,000 unités dynamiques, lesquelles, divisées par le chiffre 6,480 qui représente le travail d'un cheval-vapeur, donnent le nombre 251 1/2 chevaux pour la force motrice à employer.

Ainsi qu'on vient de le voir, on ne peut compter, *pour un travail annuel*, avec les meilleures machines dn monde, sur une consommation moindre de 3 kilogrammes par cheval et par heure. Les 251 1/2 chevaux du projet de M. Prunelle consommeraient donc 754 kil. 1/2 par heure, 18,108 kilog. par jour, soit par année 66,094 quintaux métriques, qui, à 2 fr. l'un, formeraient le chiffre de. . . . . 132,188 f.

Si l'on ajoute à cela, pour *l'entretien et le renouvellement* des machines à vapeur, qui devront être divisées, par précaution, au moins en deux, de 150 chevaux chacune, travaillant à la force de 126, ainsi que des appareils s'y rattachant immédiatement, — 10 pour 100 sur les prix d'achat et de pose d'environ 300,000 fr.	30,000	52,400
8 chauffeurs, 4 pour chaque machine, travaillant 2 par 2.	9,600	
Un mécanicien-directeur.	3,000	
Un deuxième mécanicien.	1,800	
Huiles, graisses, fournitures quotidiennes.. . . .	8,000	

On aura, pour la seule dépense annuelle de la force motrice, le chiffre de. . . . . 184,588 f.

au lieu de 60,000, chiffre d'autant plus ridicule, que l'une des dispositions du projet de fourniture de 30,000 mètres cubes d'eau du Rhône, de M. Prnnelle, (voy. page 68), et qui n'appartient qu'à lui, consiste à faire fonctionner les machines douze heures seulement sur vingt-quatre pour élever cette quantité d'eau; ce qui nécessiterait (indépendamment de réservoirs immenses et souterrains, bien entendu, capables de contenir la moitié de la fourniture quotidienne), l'établissement d'une force motrice double de celle qui suffirait à élever 30,000 mètres cubes par vingt-quatre heures, par conséquent l'achat et l'installation de machines d'une puissance de plus de 500 chevaux.

Quoi qu'il en soit, il faut considérer que le simple aperçu qui précède est un compte en *minimum*, c'est-à-dire, présentant des dépenses *inévitables*, suivant une consommation de combustible qui ne peut être inférieure et des prix, soit de houille, soit de main d'œuvre, qui ne peuvent être que dépassés, et qu'il ne contient rien pour tant de causes accidentelles de dépense qui se rencontrent infailliblement, durant le travail d'une année, dans un établissement de ce genre.

Veut-on avoir, à ce sujet, une idée vraie, s'appuyant sur un fait *réalisé*, sur un fait *actuel?* M. Jules Teissier va nous fournir pour cela (tom. II, pag. 486) un renseignement authentique et précieux, dont il a reçu communication de M. le maire de Lyon :

« Afin, dit-il, d'éclairer, de plus en plus, son opinion sur le mérite des divers moyens à employer pour fournir de l'eau à une population nombreuse, un magistrat plein de zèle, placé à la tête de l'administration de la seconde ville du royaume, M. Terme, Maire de Lyon, avait soumis plusieurs questions à M. le Préfet de la Seine, sur le service des machines à vapeur actuellement employées à Paris, et qui élèvent du lit de la rivière de l'eau destinée à la consommation des habitants de cette capitale.

M. Terme a reçu la réponse suivante,

Paris, 24 avril 1846.

« Monsieur le maire,

« Pour satisfaire au désir que vous m'avez fait l'honneur de m'exprimer, je » m'empresse de vous informer que la puissance des machines qui élèvent l'eau de la Seine à Paris est, savoir :

« A Chaillot, machine dite l'*Augustine* ;	100 chevaux.
Constantine.	95
» Au Grös-Caillou, deux machines, chacune de	28

« La quantité d'eau montée par ces machines a été, dans ces derniers mois, par heure de marche, savoir :

« *Augustine*, 562 mètres cubes à 30 mètres 76 de hauteur, en brûlant 2 hectolitres 95 de charbon ;

« *Constantine*, 537 mètres cubes à 30 mètres 93 de hauteur, en brûlant 3 hectol. 15 de charbon ;

« Enfin, l'une ou l'autre des machines du Gros-Caillou, 120 mètres cubes à 30 mètres 93 de hauteur, en brûlant 0 hectol. 90 de charbon.

« J'ajoute que la quantité d'eau montée à une hauteur *moyenne* de 34 mètres, dans une année, à Chaillot et au Gros-Caillou, où l'une ou l'autre des machines marche environ dix heures par jour, est en total de 2,500,000 mètres cubes, et que la dépense annuelle *en charbon, ouvriers, et entretien, est de quatre-vingt cinq mille francs.*

Recevez, etc. « *Le Pair de France, Préfet de la Seine,*

« COMTE DE RAMBUTEAU. »

Or, deux millions cinq cent mille mètres cubes par an équivalent à 6,849 *mètres cubes par vingt-quatre heures*, soit 342 pouces ; ce qui est un bien faible produit pour une aussi forte dépense, et, pourtant, ce chiffre de quatre-vingt cinq mille francs ne paie que trois articles : *le charbon, les ouvriers et l'entretien* du matériel.

Ainsi, à Paris, siége des Conseils supérieurs des ponts-et-chaussées et des mines, près de l'Académie des sciences, sous la direction des ingénieurs les plus éminents, 6,849 mètres cubes (6,849,000 litres), pris journellement dans la Seine et portés à 34 mètres de hauteur, occasionnent une dépense effective de 85,000 fr. par an.

Le chiffre de hauteur de 34 mètres est la moyenne de l'année, la Seine montant en hiver à cinq ou six mètres de plus qu'en été. Les mois pendant lesquels a eu lieu le fonctionnement des machines dont M. le préfet de la Seine a donné les résultats sont des mois d'hiver, la Seine était très-haute. En juin, la Seine était assez basse; il a fallu, suivant des renseignements postérieurs, porter l'eau à 34 mètres, au lieu de 30 mètres 76 comme au mois de décembre précédent, d'où il est résulté qu'au lieu d'élever 562 mètres cubes d'eau par heure, l'*Augustine n'en a monté que* 505.

Il était essentiel de décomposer cette dépense énorme de quatre-vingt-cinq mille francs par an, de connaître surtout, d'une manière positive, pour quelle proportion la dépense en charbon y entrait; de nouveaux renseignements ont été demandés et obtenus à ce sujet, et nous transcrivons le tableau suivant :

Charbon consommé par les pompes à feu de Chaillot et du Gros-Caillou, pendant l'année 1845, pour élever de la Seine à une hauteur moyenne de 34 mètres, 2,500,000 mètres cubes d'eau (soit, 6,849 m. c. par jour).

MOIS.	CHAILLOT.	GROS-CAILLOU.	TOTAUX.
Janvier . . .	1,050 hect.	281	1,331 hect.
Février . . .	897	264	1,161
Mars	983	300	1,283
Avril	1,095	313	1,408
Mai	987	325	1,312
Juin	1,175	341	1,516
Juillet . . .	1,274	384	1,658
Août	1,137	333	1,470
Septembre . .	1,087	309	1,396
Octobre . . .	925	293	1,218
Novembre . .	818	250	1,068
Décembre . .	960	279	1,239
TOTAUX .	12,388	3,672	16,060 hect.

Or, comme la houille employée coûte 3 fr. 12 c. l'hectolitre, ce qui revient à 3 fr. 77 c. les cent kilogrammes, (*l'hectolitre pesant 83 kilogrammes*), il en résulte que les 16,060 hectolitres brûlés forment une dépense de 50,107 fr.; ce qui laisse, à très-peu près, 35,000 fr. pour le paiement des ouvriers et employés, et pour les divers frais d'entretien et de réparation, la dépense totale, nous l'avons dit, étant de 85,000 fr.

Reste la question de la consommation de houille *par heure et par force de cheval*, question si importante et si mal comprise en général. Comme nous allons le voir, il faut bien se garder d'établir le calcul sur la force *nominale* des machines ; on ne doit le baser que sur l'effet produit, c'est-à-dire sur la force *effective* que ces machines développent. Or, nous trouvons ici une bien grande différence entre la force *nominale* et la force *effective* des machines de Paris (l'importance de cette distinction a déjà été signalée à l'occasion des machines du système de Cornouailles). Prenons pour exemple la meilleure des machines de Chaillot, l'*Augustine* de 100 chevaux, qui a été munie récemment d'un appareil de détente, *qui apporte*, dit-on, *une notable économie de combustible.*

Un cheval-vapeur est une force qui élève 75 kilogrammes (ou litres) à un mètre de hauteur, par seconde;

100 chevaux élèveront donc, par seconde. . . 7,500 kilog. ou litres.

Par minute 450,000

Par heure. 27,000,000

Soit, 27,000 mètres cubes, élevés à un mètre,

Résultat qui est le même que d'élever 871 mètres cubes à 31 mètres.

Or, la machine *Augustine*, de 100 chevaux, qui devrait élever à cette hauteur 871 mètres cubes n'en élève que 562; donc elle ne fonctionne que pour 64 1|2 chevaux, au lieu de 100; — donc les 245 kilogrammes (poids de 2 hectol. 95) de houille qu'elle brûle en une heure de marche, répartis entre ces 64 1|2 chevaux, établissent une consommation par heure et par force de cheval *effective* de 3 kil. 80....

Mais, dira-t-on peut-être: « Quand les machines ne fonctionnent pas d'une manière continue, il y a perte, causée par une certaine quantité de houille brûlée avant que le calorique soit assez puissant pour les mettre en jeu, et par une autre quantité brûlée lorsque, la machine venant à s'arrêter, des charbons incandescents continuent à se consumer. »

Je ne nie nullement cette perte de chaleur avant la mise en marche et après l'arrêt de la machine; mais, quand nous l'estimerions bien au-dessus de la réalité, il n'en résulterait pas moins encore *que les machines de Paris consommeraient plus de trois kilogrammes par heure et par force de cheval.*

Tel est le fonctionnement, non pas *théorique*, non pas même *expérimental*, mais PRATIQUE, ACTUEL, CONTINU, de machines élevant 2,500,000 mètres cubes d'eau par année, (6,849 *mètres cubes par jour*) à une hauteur moyenne de *trente-quatre mètres*, et *dans la capitale* de la France. »

Si nous faisons l'application des calculs, ou plutôt des faits réels qui précèdent, au projet de M. Prunelle, nous trouverons, d'après la base de 16,060 hectolitres (pesant 13,329 quintaux métriques) de charbon brûlés par année, que pour élever à la même hauteur qu'à Paris,

30,000 mètres cubes, au lieu de 6,849, par vingt-quatre heures, le *nombre de quintaux de charbon consommés serait de.* 58,383

Mais ladite hauteur n'étant que de 34 mètres, soit les 2/3 de la hauteur *moyenne* à laquelle le projet de M. Prunelle doit faire parvenir les eaux, il faut ajouter à cette quantité de houille la moitié en sus, soit. 29,191

Total. 87,574

Ce qui, aussi longtemps que le prix de la houille ne dépasserait pas 2 fr. le quintal, formerait une dépense annuelle de. . . 175,148 f. laquelle, jointe aux salaires et aux frais d'entretien et de renouvellement des machines de 300, sinon de 500 chevaux, montant à. 52,402

composerait la somme de. . . . . 227,550 f.

(Pour peu que des causes de frais accidentels survinssent, ou bien, pour peu que le prix de la houille dépassât le chiffre de 2 fr. les 100 kilogr., circonstance qui généralement ne causerait que peu d'étonnement, — comme chaque hausse de 25 cent. seulement par quintal métrique produirait un surcroît de dépense de 22,000 fr. par année, — on voit qu'en l'un ou l'autre cas, on pourrait arriver bientôt au chiffre de 300,000 fr. pour la seule dépense annuelle de l'élévation de l'eau.)

Aux détails si précis, si probants, fournis par la ville de Paris, il n'est pas hors de propos d'ajouter ici un fait, qui n'a pas sans doute une bien grande valeur, et que chacun appréciera comme il l'entendra, mais qui offre quelque intérêt, parce qu'il est lyonnais, parce qu'il est actuel, et parce que M. Prunelle n'y est pas étranger.

Dans la séance du Conseil municipal de Lyon, du 12 février 1846, un rapport a été fait par M. Prunelle sur une proposition, que M. l'adjoint, remplissant les fonctions de maire, avait présentée, le 22 janvier précédent, pour être autorisé à conclure un traité avec M. Gardon et compagnie, propriétaires de la machine hydraulique sur le Rhône, ainsi que de la machine à vapeur et du puisard joignant la barrière Saint-Clair, aux fins d'élever à 80 mètres environ sur la colline, pour les besoins de ce quartier, *mille hectolitres* d'eau extraite dudit puisard par l'emploi de la machine qui lui est superposée. « Il ne s'agit pour MM. Gardon et compagnie, avait dit M. l'Adjoint, que de faire fonctionner cette machine... Le *prix* qui leur serait payé serait de *trente francs par jour;* il a été basé sur *la dépense qui leur serait imposée.* » M. Prunelle, après trois semaines d'examen de cette affaire, en a proposé et fait adopter la sanction, avec les chiffres ci-dessus énoncés, pour la quantité d'eau et pour le prix de la fourniture (*).

Eh bien ! d'après la base de ce marché, qui consiste à livrer quotidiennement dans un réservoir, sur la colline, 1,000 hectolitr., soit 100 mèt. cubes, contre la somme de 30 fr. par jour, correspondante à celle de 10,950 fr. par an, veut-on savoir ce que coûterait, de même par année, la quantité quotidienne des 30,000 mètres cubes du projet de M. Prunelle? — 3,285,000 fr. ! plus de trois millions ! Il est vrai que les 100 mètres cubes sont élevés à 80 mètres environ de hauteur, tandis que les 30,000 mètres ne seraient élevés qu'à une hauteur moyenne d'environ 50 mètres; retranchons donc la moitié de cet énorme chiffre, ce sera comme si l'eau n'était portée qu'à 40 mètres; nous aurons alors celui, encore passablement gros, de 1,642,500 fr. Il est vrai aussi que le paiement à 30 fr. par jour, avec faculté pour la ville de l'arrêter en supprimant le service quand elle voudra, est une condition défavorable aux entrepreneurs, laquelle a dû trouver sa compensation dans le prix; à la bonne heure, c'est juste ; retranchons donc de nouveau la moitié du

(*) Disons, en passant, que, déjà en activité depuis quelque temps, ce service alimenté par un puisard aussi rapproché que possible du lit du Rhône, donne pourtant de l'eau qui fait toujours caillebotter le savon comme pendant les expériences de 1841. citées par M. le Maire dans son rapport, et dont ne se servent pas les apprêteurs d'étoffes à nuances délicates, logés dans ce quartier. Ajoutons, toutefois, que la création des douze ou quatorze fontaines d'où elle coule, est un bienfait pour cette partie spéciale de la ville qui, auparavant, était à peu près complètement dépourvue d'eau quelconque.

Un fait capital résulte du TABLEAU COMPARATIF (182) que l'on vient de voir : c'est que ce n'est pas avec une subvention de 120, de 150, ni même avec UNE GARANTIE

---

chiffre. Mais, après cela, nous sommes encore à 821,250 fr. Et pour la seule élévation de l'eau ! c'est-à-dire, seulement pour la houille et la main d'œuvre, car, dans le cas dont il est question, la machine existait, le puisard était fait, l'établissement était créé.

En résumé, M. Prunelle, après avoir, par un rapport lu le 12 février, fait adopter, pour un service hydraulique, un prix correspondant à celui de 1,600,000 fr. par an, pour porter 30,000 mèt. cubes à 40 mèt. environ de hauteur, a présenté un autre rapport, le 4 mai suivant, dans lequel il soutient que, pour élever cette même quantité de 30,000 mèt. à différents niveaux, se résumant en une hauteur moyenne d'environ 50 mètres, il n'en coûterait que 60,000 fr., c'est-à-dire *vingt-six fois moins !* — Les expressions manquent pour qualifier de telles contradictions !

(182) Le *tableau comparatif* composé par M. Prunelle est *comparatif* à sa manière, c'est-à-dire, fait avec cette exactitude dont il a donné tant de preuves dans le cours de son rapport. Il suffit, pour en avoir une idée, de se rappeler, entre autres choses, qu'il a ajouté, *par erreur*, un million au chiffre représentant la valeur des eaux dans le devis de la dérivation des sources ; aussi a-t-il prétendu que le coût d'un service de fourniture d'eaux potables à Lyon serait bien plus considérable avec les eaux des sources qu'avec celles du Rhône, en ajoutant que *cela ne pouvait être contesté*. Et pourtant *il savait le contraire*, puisqu'*il connaissait* l'opinion comparative de M, Pigeon, ingénieur des mines du département, sur les deux systèmes mis en parallèle, opinion exprimée dans une note spéciale, à la fin d'un Rapport à la Société d'agriculture, qui est *plusieurs fois cité* par M. Prunelle.

Voici, pour éclairer un point essentiel, non moins que pour justifier l'imputation d'inexactitude qui précède, cet avis raisonné d'un homme spécial, que M. Prunelle ne récusera pas, après avoir dit « qu'il a dû, « par état, s'occuper essentiellement de tout ce qui se rapporte à l'hy-

« draulique (page 57), et qu'il paraît avoir fait, comme ingénieur des « mines, une étude approfondie des machines à vapeur (page 92). » :

« L'on accordera volontiers d'abord que la ville de Lyon se trouve placée dans les conditions les plus propres à la filtration naturelle des eaux fluviales, et la grande abondance d'eaux que donnent les puits des Brotteaux, ou qui pénètrent par infiltration dans les fossés exécutés pour les travaux de fortification, est à cet égard un fait caractéristique. *Mais le succès complet et permanent d'une clarification entreprise sur l'échelle que requièrent les besoins de la ville de Lyon, reste néanmoins toujours incertain ; et l'exemple de Toulouse autorise, de plus, à contester la possibilité d'un suffisant rafraîchissement de pareilles masses d'eau, pendant les chaleurs de l'été.*

« Avec les eaux des sources, au contraire, certitude de réaliser d'une manière permanente et sûre ces deux conditions essentielles de la pureté et de l'égalité de température.

« Resterait la question de la dépense.

« Or, pour peu que l'on veuille sérieusement entreprendre la filtration des eaux du Rhône sur une grande échelle, on devra se transporter sur la rive gauche du fleuve, dans la plaine des Brotteaux, ou bien encore, comme le propose un savant ingénieur, M. Garella, remonter sur la rive droite à une grande distance en amont de Lyon.

« Dans le premier cas, il faudrait, pour faire arriver les eaux dans la ville, exécuter sur le Rhône un pont de construction bien solide, et très-dispendieuse.

« Dans le second cas, il y aurait à établir, sur une longueur considérable et à très-grands frais, comme on l'a surabondamment montré, un canal de dérivation, ou mieux encore un aqueduc couvert.

« Dans l'une et l'autre hypothèse, il faudrait en outre acheter de vastes étendues de terrain, entreprendre pour la filtration de grands et difficiles travaux, dans des terrains d'alluvion, construire des châteaux d'eau, et refouler les eaux au moyen de machines jusqu'aux hauteurs voulues.

« Dans le système de la dérivation des sources, les dépenses à mettre en regard des précédentes concernent l'achat des sources mêmes, le creusement de la galerie souterraine, des expropriations de terrains le plus souvent provisoires, enfin l'é-

D'INTÉRÊT de 300,000 fr., que les trois Compagnies seraient couvertes de leurs frais (183) et pourvues des bénéfices sur lesquels elles ont naturellement compté.

---

tablissement de la petite machine qui serait destinée à pourvoir aux besoins divers des quartiers élevés. Un semblable parallèle ne saurait être établi d'une manière précise, et parce qu'il faudrait que l'emplacement des filtres fût préalablement déterminé, et parce que dans l'un et l'autre cas les devis ne pourraient être établis que d'une manière approximative. *Autant toutefois qu'on peut en juger, en se basant sur les évaluations ordinaires et les résultats de l'expérience, il est tout au moins douteux que le projet de dérivation dût, dans le parallèle qui serait fait à cet égard, avoir le désavantage.* »

(183) « Ce n'est pas, dit M. Prunelle, avec une subvention de 120, de 150, « ni même avec une garantie d'intérêt de 300,000 francs, que les Com- « pagnies seraient couvertes de leurs frais. » En tant que cela s'applique à une entreprise de fourniture d'eaux du Rhône conforme à son système, M. Prunelle a pu avoir raison de le dire ; mais cela n'est nullement applicable à une entreprise de distribution d'eaux de sources semblables à celles comprises dans le projet de dérivation. D'une part, en effet, dans ce projet qui a subi l'épreuve d'une enquête publique, les deux grandes catégories de dépense, savoir l'achat des eaux y compris les droits qui s'y rapportent, et la construction de l'aqueduc-tunnel, étaient limitées, la première par des promesses de vente des principaux propriétaires de sources et d'usines, et la deuxième par l'engagement d'un homme d'art (parfaitement capable et solvable) d'exécuter le tunnel en tier à ses périls et risques, à forfait, avec cautionnement, *pour le prix porté au devis, et en seize mois.* Les motifs de sécurité, en ce qui concerne la dépense nécessaire pour la mise en œuvre du projet, étaient tels, que la Commision d'enquête, qui comptait dans son sein des hommes parfaitement compétents, a trouvé, chose peu ordinaire, le montant du devis plutôt en dessus qu'en dessous de la réalité, et a émis l'avis que l'entreprise entière pouvait être exécutée avec cinq millions de francs (au lieu de 5,600,000, chiffre net du devis).

D'autre part, il n'y a aucune incertitude relativement aux deux points les plus importants de tous, la quantité et la qualité de l'eau. Les trois derniers jaugeages régulièrement faits par des ingénieurs des ponts et chaussées et des mines, ont constaté, pour produit des sources :

A la fin de l'été de 1841, 15,958 mètres cubes par 24 heures.
En juillet 1842, 20,122 » »
En mars 1843, 15,899 » »

Or, moyennant de judicieux travaux, comme ceux exécutés pour faciliter l'émergence de l'eau à l'origine de la belle source du Rozoir, qui est arrivée à Dijon avec un volume inattendu, (travaux pour lesquels des usiniers ou meuniers ne sauront jamais se mettre d'accord), on peut bien avoir plus que les 15 à 20 millions de litres jaugés, mais on ne peut avoir moins.

Quant à la qualité de l'eau, indépendamment de sa limpidité et de sa fraîcheur constante que tout le monde est apte à apprécier, la Société de médecine de Lyon, le corps le plus directement compétent, sur le rapport d'une Commission spéciale, qui avait fait toutes les explorations locales ainsi que tous les examens analytiques nécessaires, et dont les conclusions ont été mises aux voix, a déclaré ce qui suit :

« Les eaux des sources de Roye, Ronzier, Fontaine et Neuville, possèdent *toutes* les qualités hygiéniques des bonnes eaux potables. — « Les eaux du Rhône sont bonnes aussi à certaines époques, mais elles « sont souvent altérées...

« *Les eaux des sources ont donc plusieurs avantages réels, qui doivent leur « faire donner la préférence sur les eaux du Rhône.* »

Il s'agit là des eaux du Rhône prises dans le courant, puis soumises à la filtration, et non point des eaux du fleuve recueillies par infiltration souterraine. « Nous ne ferons pas entrer avait dit la Commission « médicale, dans notre exposé, les eaux du Rhône filtrées naturellement « à travers le sol, parce que celles qu'on pourrait obtenir par ce moyen « nous sont encore inconnues, et que si nous eussions pris pour type « de ces eaux celles des pompes que nous avons examinées (celles de la

« terrasse Tholosan, de la place St-Clair, des bains Tonnelier, du « Grand-Camp, etc.), ce mode d'appréciation ne nous aurait conduits, « vous l'avez vu, qu'à considérer leur qualité potable comme une éven-« tualité très-douteuse. Or, nous n'aurions pas osé nous permettre de « vous donner pour certain ce qui est incertain, et pour un fait « ce qui est un problême. » — Voilà comment parlent de véritables savants. A l'inverse de certaines gens, ils n'affirment que ce dont ils sont sûrs.

Toute la question des eaux, tout le débat qui s'agite à Lyon depuis si long-temps se trouve résumé dans les derniers mots qui viennent d'être cités. Quand, en effet, avec les sources tout est certain, tout est clair, tout est jaugé, ou analysé, avec les eaux du Rhône qu'on nous destine tout est incertain, obscur, indéterminé. Fera-t-on des puisards ? Construira-t-on des galeries ? Sera-t-on sur la rive droite ? Se placera t-on sur la rive gauche ? Sur l'une ou l'autre rive, où sera l'emplacement ? De quelle nature y sera le sol, et par suite la qualité de l'eau ? Qui le sait ? Qui peut le dire ? Personne. — Suivant l'expression si juste de la Commission de la société de Médecine, *la bonté de l'eau du Rhône* qui aura passé au travers du sol *est un problème*, tandisque *la bonté de l'eau des sources est un fait.*

Y a-t-il plus de certitude en ce qui concerne l'abondante quantité d'eau qu'on attend de ce système de fourniture ? Pas davantage. Si la compagnie, qui s'était formée pour les eaux du Rhône, eût persisté dans ses premières intentions et dans le plan soumis, en janvier 1844, à l'administration des Hospices (propriétaire du terrain du Petit-Brotteau), consistant à créer, pour essai, à une distance suffisante du fleuve, une galerie d'infiltration souterraine en maçonnerie sèche (sans mortier), de100 mètres de long, cette épreuve, quoique insuffisante peut-être par ce motif que la composition du sol varie à chaque pas dans les terrains d'alluvion fluviale, eût présenté néanmoins, au bout d'une période annuelle, maintenant écoulée, un fait d'une certaine valeur. Mais le puisard, qui a été creusé à sa place, n'a pas eu d'autre résultat que de faire dépenser 30 à 40,000 francs pour avoir tout bonnement un trou dans le gravier, ne pouvant fournir aucune indication (comme l'a déclaré la Commission créée pour examiner son produit), ni pour la qualité, ni pour la quantité de l'eau du Rhône à recueillir souterrainement, c'est-à-dire, dans des excavations où cette eau, après une longue infiltration dans le sol, ne doit pénétrer que difficilement par les interstices de murailles sèches, assez solides cependant pour supporter une voûte surchargée elle-même d'une couche de plusieurs mètres de terre.

C'est ainsi qu'en l'état actuel des choses, à Lyon, on est encore, on est toujours dans la région des conjectures sur ce système; or, en fait de conjectures, la plus judicieuse est celle-ci : suivant les conditions d'éloignement ou de proximité du lit du fleuve et celles de construction d'appareils souterrains dans lesquelles on se sera placé, on aura ou *peu d'eau limpide et fraîche* ou *beaucoup d'eau louche et tiède* en été, — indépendamment de l'incertitude relativement à la composition de l'eau, toujours solidaire de la composition inconnue du sol.

Toute Compagnie prudente (comme elles le sont toutes, car l'intérêt particulier est prudent de sa nature), ou toute administration sage, qui voudra avoir quelques données sur ce point fondamental d'une fourniture d'eaux de rivière, recherchera et consultera, non de futiles théories fertiles en déceptions, mais des faits accomplis, s'il en existe. Or, comme donnée sure, il n'y a pas encore d'autre fait à apprécier que celui des galeries de Toulouse, existant à peu près depuis 20 ans sur les bords d'un fleuve qui descend des Pyrénées, comme le Rhône des Alpes, et a garni ses rives de débris pierreux et autres, semblables à ceux des terrains qui bordent le Rhône. Or, voici ce fait, dans toute sa simplicité, dans toute sa vérité, résultant des déclarations de M. Closterman, ingénieur actuel des eaux de Toulouse, qui se trouvent dans le mémoire de M. l'ingénieur Dumont, publié en 1843 :

(Page 11). « En 1836, les eaux de la Garonne diminuèrent jusqu'à 1 m. 60 « du garonomètre (0 m. 70 au-dessous des eaux moyennes), pendant « les mois de septembre et d'octobre, et, alors seulement *les filtres suf-* « *firent à peine* à l'alimentation de toutes les fontaines de la ville ; mais « *ce fait tient à la circonstance des basses eaux du fleuve*, etc.... LEUR LON- « GUEUR TOTALE EST D'ENVIRON 650 MÈTRES ». — (Pages 24, où sont des conclusions accompagnant un exposé, certifié par M. Cloosterman, d'expériences faites en 1844, par une Commission, pour déterminer la quantité d'eau extraite des galeries d'infiltration de Toulouse par la machine hydraulique).... « 5° Que lorsque chaque roue de l'équipage hydraulique « fait 5 cinq tours par minute, la quantité d'eau élevée est de 192 pou- « ces ; or, d'après les renseignements positifs pris sur les lieux, ce nom- « bre est celui des tours moyens fait ordinairement par les deux roues ; « il arrive même souvent que ce nombre de tours est de 5 1/2 et de 6, « de telle sorte que l'on peut admettre que *la quantité d'eau journelle-* « *ment élevée est au minimum de 200 pouces.* » — Ce qui fait 4,000 m. c., soit quatre millions de litres par 24 heures, *en temps ordinaire ;* mais on vient de voir qu'en temps d'étiage du fleuve, il ne faut pas compter sur la quantité *ordinairement* fournie (*) par les galeries (Remarquons, en passant, cette circonstance caractéristique, que la Garonne, à l'exem-

(*) Il en serait de même à Lyon ; le fait suivant le prouve de reste. On lit dans le rapport de M. le Maire, page 92, édit. in-4°, que, voulant expérimenter la qualité de l'eau du puisard de la barrière St-Clair, ce magistrat avait donné des ordres pour le faire fonctionner sept jours, sans la moindre interruption, du 13 au 19 juillet 1841, et que, pendant ce travail continu, il donna sans effort 25 pouces fontainiers, c'est-à-dire 500 mètres cubes par jour. Le Rhône était alors, comme toujours en été, à l'état de moyennes eaux, soit à 1 mètre et plus au-dessus de son étiage. Mais, les 20 et 21 février 1845, le fleuve n'étant plus qu'à 0 m. 05 environ au-dessus de son étiage, une épreuve fut faite, d'après les instructions de M. le Maire, par l'un de MM. les architectes-voyers de la ville ; et il en résulta, suivant le rapport officiel rédigé à cette occasion, qu'au lieu de 500 mètres cubes par 24 heures, ledit puisard n'en pouvait donner alors qu'un peu moins de 269, c'est-à-dire environ la moitié.

ple du Rhône que les chaleurs font grossir, et à l'inverse de presque tous les autres fleuves et rivières, n'a pas son *étiage* dans *l'été.*) Quoiqu'il en soit, et malgré le fait constaté de cette réduction, qui, prolongée, aurait bien son inconvénient dans une ville d'industrie, si nous admettons que 650 mètres de galeries d'infiltration produisent quotidiennement 4 millions de litres, nous sommes conduits à poser les deux questions suivantes :

D'après la base du résultat actuellement obtenu, à Toulouse, d'un système présenté comme un modèle à suivre, quelle étendue de galeries serait nécessaire pour donner les 30 millions de litres du projet de M. Prunelle : —Réponse ; 4,875 mètres; – l'étendue de plus d'une lieue.

D'après cette même base, quelle quantité d'eau fournirait les 1,700 mètres de galeries, qu'on prétend pouvoir établir (sans doute en leur faisant décrire quelque courbe) dans l'atterrissement du Petit-Brotteau qui n'a pas tout-à-fait 1,500 mètres de longueur? Ou, en d'autres termes puisque 650 m. de galeries donnent 4.000,000 de litres par jour, combien en donneraient 1,700 mètres? — Réponse : 10,460,000, — pas même les 2/3 de la quantité fournie par les sources à dériver.

Cela est un peu différent des deux chiffres fantastiques de M. Prunelle, de celui d'abord de 27,438,000,000 de litres (plus de 27 milliards !) inscrit dans la première édition de la page 30 de son rapport original, et même de celui de 367,200,000 litres, inscrit avec réflexion dans la deuxième édition de ladite page, revue et corrigée.

Mais cela explique pourquoi tous les hommes sérieux qui se sont occupés de ce sujet, M. l'ingénieur en chef de Lagorce, les membres de la Commission d'enquête, M. le maire de Lyon, M. l'ingénieur Garella, et après lui, M. l'ingénieur Pigeon, ont indiqué comme seuls emplacements propres à une fourniture de l'importance de celle de la ville de Lyon, ou la rive gauche du Rhône en amont du fossé des forts, sur

C'est sur le privilége de la vente des eaux aux particuliers que ces bénéfices sont calculés. La Compagnie des eaux de sources, qui imposait L'INTERDICTION DE TOUT SERVICE PUBLIC ET GRATUIT (184), eût offert une subvention à la Ville, loin de stipuler une

---

une étendue à peu près indéfinie , ou la rive droite sur de grands espaces en aval de l'embouchure de l'Ain.

Cela explique encore pourquoi les honorables banquiers et spéculateurs , qui avaient formé la Compagnie des eaux du Rhône , en annonçant l'intention d'utiliser l'atterrissement du Petit-Brotteau pour leur projet, et dont le devis, publié sous leurs auspices , ne faisait monter la dépense totale de l'entreprise qu'à 130,000 fr. par an ; demandèrent pourtant à la ville de Lyon , en novembre 1844, *la somme annuelle de* 120,000 *francs pour une fourniture quotidienne de 4 millions de litres* seulement , ne témoignant pas par là d'une extrême confiance dans la puissance filtrante des galeries à construire au Petit-Brotteau. Mais l'intérêt particulier , comme cela vient d'être dit, est essentiellement prudent ; et ce ne sera jamais une Compagnie formée de gens positifs risquant leur propre argent, qu'on verra courir les aventures, sur la foi d'un roman, géologique et mécanique, tel que celui composé par M. Prunelle.

Voilà enfin pourquoi l'énoncé de M. Prunelle qui a donné lieu à la présente note est vrai à moitié , c'est-à-dire, en tant que sa première partie s'applique à des Compagnies, qui, ayant de l'eau *à faire*, avant de la livrer , et ne sachant encore ni où, ni comment, ni à quel prix , *on la fera*, doivent nécessairement songer à compenser l'inconvénient et les dangers de cette incertitude, par l'avantage positif d'une grosse annuité, assurée d'avance.

Quant à l'eau de source, qui est *toute faite*, elle ne donne pas les mêmes soucis à ceux qui veulent l'amener à Lyon. Comptant avec raison sur ses qualités connues , ils attendent le succès de l'entreprise , non d'une forte somme sollicitée de la ville , mais de très-faibles sommes volontairement données en nombre de jour en jour plus grand par les particuliers , et pouvant former un raisonnable produit.

(184) Puisque M. Prunelle aime tant à équivoquer sur ce point , il

faut bien revenir sur cette erreur déjà avancée par lui et succinctement réfutée, page 50.

M. Prunelle faisant allusion à certain passage du projet de traité rapporté dans le rapport de M. le Maire, passage dont il fausse le sens, prétend que *la Compagnie des eaux de sources imposait l'interdiction de tout service public et gratuit.* — A qui l'imposait-elle ? A M. le Maire, apparemment. Or, voici qui est textuellement contenu (page 234) dans le rapport de M. le Maire, que M. Prunelle devait avoir constamment sous les yeux, en faisant le sien :

« Les bornes-fontaines doivent concourir avec les eaux versées dans « les allées, au lavage de la voie publique. Je crois avoir satisfait aux « exigences de ce service, en stipulant que la commune de Lyon aurait « exclusivement *à sa disposition* une quantité quotidienne de 3,000 kilo- « litres d'eau, quantité qui donnerait 20 litres par jour à chacun de ses « habitants.

« Si l'on voulait consacrer les deux tiers de cette masse à laver les « rues dans des moments déterminés, par le moyen d'orifices placés, « comme à Paris, à peu de distance au-dessus du sol, on pourrait éta- « blir des bouches d'eau, d'un pouce chacune, et l'on aurait la faculté « d'adopter l'un des nombres et l'une des dispositions suivantes ; on « pourrait avoir :

« 2,400 jets, durant une heure chaque jour ;

« Ou 1,200 jets, versant l'eau une heure le matin et une heure le soir ; (*Suivent plusieurs autres nombres*).

« Ou toute autre disposition qui paraîtrait plus convenable. *Ces bornes-* « *fontaines seraient indépendantes des fontaines établies au bas des maisons* « *particulières.* Au moment de l'exécution, on aura à examiner, etc. »

Eh bien, ce texte n'est-il pas suffisamment explicite ? La Commune de Lyon n'aurait-elle pas eu, d'après la stipulation mentionnée par M. le Maire, 3 millions de litres d'eau par jour, *exclusivement* A SA DISPO-

garantie d'intérêt, si, aux termes du traité, la Ville au bout de cinquante ans, ne fût devenue propriétaire et des eaux et du matériel de distribution. Mais CE QUE LA CAISSE DE LA VILLE NE PAYERAIT PAS, ON L'IMPOSERAIT AUX PARTICULIERS (185) !

SITION? M. le Maire voulait-il les absorber, les confisquer en quelque sorte, lorsqu'il disait pourtant si clairement, dans son Rapport, qu'on aurait la faculté de placer, par exemple, 1,200 jets, d'un pouce, fluant une heure le matin une heure le soir, dans nos rues, lesquelles, ayant un développement d'environ 60,000 mètres, sans le nouveau quartier de Perrache, ou d'environ 90,000 tout compris, auraient vu sur leur parcours une de ces bornes-fontaines tous les 50 mètres, ou ou tous les 75, si l'on en avait mis partout? Certes l'on n'eût pas risqué, en ce cas, de mourir de soif dans les rues de Lyon, ainsi que M. Prunelle prétend sérieusement qu'on y est exposé dans les rues de Londres; à moins cependant que M. le Maire n'eût demandé au général commandant la division, 1,200 factionnaires, pour en mettre un auprès de chacune de ces 1,200 bouches, aux fins d'empêcher les habitants d'y prendre une seule goutte d'eau? — Mais, au surplus, M. le Maire, comme on vient de le voir, réservait même l'examen des questions se rapportant aux écoulements publics!

M. Prunelle s'est donc grossièrement trompé sur ce point; et son étrange assertion, plusieurs fois répétée dans son rapport, blesse les convenances, on l'avouera, au moins autant que la vérité.

(185) Voilà une des plus extraordinaires, une des plus choquantes erreurs de jugement qui se puissent rencontrer. « La Compagnie des « eaux de source, dit M. Prunelle, eût offert une subvention à la « ville, loin de stipuler une garantie d'intérêt, si, aux termes du « traité (préliminaire), la ville, au bout de cinquante ans, ne fut de-« venue propriétaire et des eaux et du matériel de distribution. » —(Elle est donc bien certaine du succès, cette Compagnie, et M. Prunelle n'en doute donc nullement lui-même, puisqu'il parle de la sorte). — « Mais, ajoute-t-il, *ce que la caisse de la ville ne paierait pas*, ON L'IM-« POSERAIT *aux particuliers* ! »

Quelques membres du Conseil, qui ont fait, sans doute, d'avance, une partie des calculs auxquels la Commission s'est livrée, en ont conçu l'idée que l'entreprise

---

Par qui, comment, sur quoi, cela leur serait-il imposé? Est-ce qu'il est question de faire boucher tous les puits et d'arrêter toutes les pompes de Lyon, pour forcer les habitants à acheter de l'eau de la Compagnie? A-t on parlé, en outre, d'interdire à qui que ce soit la faculté de creuser à nouveau un puits dans sa maison? Et sommes-nous menacés, de plus, du détournement ou du tarrissement du Rhône et de la Saône? Aussi long-temps que M. Prunelle par exemple, ou que tout autre citoyen antipathique aux améliorations, ne voudrait pas recevoir de l'eau pure dans son domicile, n'aurait-il pas une dixaine d'endroits, au moins, aux environs de son logement, où l'on pourrait continuer d'aller chercher, pour son service, de l'eau extraite par une pompe du sous-sol de quelque cour, ou bien encore tout simplement de l'eau originaire du lit du fleuve, comme celle qui est venue, sous les auspices du Maire de la ville en 1833, remplir le bassin du jardin des Plantes et alimenter de là un certain nombre de fontaines?

C'est donc une extrême aberration de langage que de qualifier *d'impôt*, que de faire considérer comme une taxe forcée, la rétribution, on ne peut pas plus volontaire, qu'un habitant acquittera pour jouir de l'avantage et de l'agrément d'avoir de l'eau jaillissante à son gré dans son habitation, alors qu'il pourrait en aller ou en envoyer chercher, comme il le fait à présent, hors de son logis.

Mais, puisque l'observation saugrenue de M. Prunelle, fait surgir ici la question *d'un impôt* pour l'eau, ne convient-il pas d'examiner sommairement si cette sorte de mirage de son esprit, se communiquant à d'autres, ne pourrait pas entraîner la conséquence, assez singulière, de faire créer un impôt véritable pour éviter un impôt imaginaire?

M. Prunelle s'est prononcé, dans son rapport, contre la distribution à domicile, dont il s'est appliqué à faire ressortir les moindres inconvénients, présumés par lui (sous l'influence peut-être des *cuisinières* qu'il aura consultées sur ce point, de même qu'il a pris soin de recueillir,

devait être faite par la Ville, et non pas abandonnée à des Compagnies financières.
Votre Commission a dû examiner la question sous ce nouveau point de vue, pré-

---

relativement aux propriétés des eaux potables, leur opinion, pour la mettre au-dessus des *analyses des plus habiles chimistes.* (*)

Aussi n'a-t-il porté, sur la quantité de trente millions de litres à distribuer dans l'ensemble de la cité, que *trois millions* pour des fournitures d'eau à domicile.

Une telle disposition exclut nécessairement l'intervention de l'industrie particulière, laquelle n'apporte des capitaux dans une affaire, que lorsqu'il y a chance pour elle d'en retirer un raisonnable bénéfice; et cela fait retomber la charge entière de l'exécution et des dépenses annuelles de l'entreprise sur la communauté des citoyens appelée la Ville, charge qu'il est intéressant de connaître, au moins approximativement.

Or, l'on a vu, précédemment, que la seule force motrice pour l'élévation de l'eau du projet de M. Prunelle, requérant trois objets, savoir : le combustible, l'entretien des machines et le salaire des ouvriers, coûterait annuellement, au prix de 2 f. le quintal métrique du charbon,
— d'après le minimum de consommation de houille, établi par des ingénieurs des mines du plus haut rang et d'une expérience consommée. . . . . 184,588 fr.
— d'après le résultat, pratique, actuel, du fonctionnement d'une année des machines à vapeur qui élèvent l'eau de la Seine à Paris. 227,550

(*) A ce propos, il est bon de revenir sommairement, sur la singulière, non pas seulement inconvenance, mais bévue, que M. Prunelle a commise en cette circonstance. Il a avoué formellement (voy. page 4 et 5) « que l'eau qui provient de la fonte des neiges ou des glaces est insalubre, et (voy. page 7) que l'eau distillée n'est pas potable. » Eh bien! qu'il donne de l'une et de l'autre à sa blanchisseuse et à sa cuisinière pour en faire emploi et dire ensuite leur opinion, ces deux grandes autorités, aux yeux de M. Prunelle, reconnaissant, la première, que ces eaux dissolvent parfaitement le savon; la seconde, qu'elles cuisent très bien les légumes, décideront unanimement que ce sont d'excellentes eaux à boire; et pourtant l'eau de neige est essentiellement insalubre, et l'eau distillée n'est pas potable, M. Prunelle l'a déclaré lui-même. Que de contradictions! que d'erreurs!

sumant bien que la proposition reparaîtrait dans le cours de la discussion. J'ai été chargé, en conséquence, de vous présenter les réflexions suivantes, qui ont été le

---

sans aucun chiffre se rapportant à des éventualités de dépenses imprévues, et que pour peu qu'il survînt des frais accidentels, ou qu'il y eût renchérissement de la houille, la somme annuelle, exigée par cette seule partie de l'entreprise de la fourniture d'eau, pourrait se rapprocher beaucoup de 300,000 f.

A la dépense de la force motrice, il y a à joindre, entr'autres frais, l'intérêt annuel du capital nécessaire pour l'entière réalisation du projet. M. Prunelle n'a pas posé d'autres chiffres pour cet objet; que celui qui concerne les conduites et appareils de distribution, et qu'il a porté à un peu plus de deux millions de francs pour une fourniture de 15 à 16 millions de litres en ajoutant (page 72 du rapport original), « qu'il » existait un autre accroissement de dépense qui n'était pas encore » calculée, savoir, celle qui résulterait de l'augmentation du diamètre » des conduites-maîtresses, relativement à l'eau à contenir et aux pres» sions à supporter » ((par suite du doublement, à très peu près, du volume d'eau).

Il faut remarquer ici que ce chiffre de deux millions pour 15 à 16,000 m. c., qui doit devenir celui d'environ trois millions pour 30,000 m. c., serait trop élevé, s'il s'agissait d'établir un réseau unique pour la distribution de l'eau; mais qu'une des dispositions du projet de M. Prunelle, énoncée en plusieurs endroits de son rapport, rend indispensables deux systèmes de conduite, l'un, pour les bornes fontaines et pour l'eau qui pourrait être fournie dans les appartements, l'autre, pour les fontaines monumentales, les bouches d'arrosage, le nettoiement des égoûts, des établissements de bains, de teinture, etc.

1° Donc ce n'est sans doute pas trop, pour un double réseau, de cette somme de trois millions, à laquelle viendront s'ajouter celles nécessaires pour acheter ou établir les objets mentionnés ci-après :

2° Un espace de terrain au-dessus et de chaque côté des galeries d'infiltration, pour qu'on ne puisse pas bâtir tout près d'elles, ni même

résultat de la discussion ; la Commission s'est contentée d'examiner le pour et le contre ; elle n'avait pas à en délibérer.

---

cultiver (à cause, entr'autres choses, des engrais), lequel devra avoir une étendue de plusieurs kilomètres ;

3° Des galeries d'infiltration de la même longueur, déterminée par l'étendue et le produit de celles de Toulouse, qui indiquent, pour obtenir trente millions de litres d'eau, 4,875 mètres de galeries ;

4° Des bâtiments pour l'usine et le château d'eau ;

5° Des machines à vapeur (y compris les pompes) de la force de 250 à 260 chevaux, si elles doivent fonctionner sans interruption, mais de plus de 500 chevaux, si, conformément à l'une des combinaisons du projet de M. Prunelle, elles ne travaillent que 12 heures par jour pour élever pendant ce temps les 30,000 m. c. ;

6° Deux conduites jumelles en fonte, du plus grand diamètre et de plusieurs mille mètres de longueur, pour transmettre la totalité de la fourniture, depuis le château d'eau jusqu'à des réservoirs en ville, conduites capables de donner passage chacune à 15,000 mètres cubes pendant 24 h., ou même pendant 12 seulement, suivant ce qui aurait été décidé à cet égard ;

7° Des réservoirs très-grands ou très-nombreux et dans tous les cas souterrains, ainsi que M. Prunelle le dit lui-même, pour contenir le quart ou la moitié de l'eau élevée quotidiennement par les machines ;

8° Un pont spécial sur le Rhône, si les galeries d'infiltration s'établissent sur la rive gauche, ou bien, si elles sont sur la rive droite, à peu près aux lieux désignés par M. l'ingénieur Garella, un canal d'un myriamètre ou deux pour amener la totalité de la fourniture aux abords de Lyon.

Si, à la somme de plusieurs millions indiquée par M. Prunelle, comme on vient de le voir, pour le réseau des conduites qu'exige la réalisation de son système, on ajoute le coût de chacun des sept autres articles, à l'égard desquels il n'est pas besoin de poser ici des chiffres détaillés pour faire reconnaître leur importance, l'évaluation la plus modérée se

(Suit l'exposé des deux opinions, que M. Prunelle présente sans dire quelle est la sienne.

Immédiatement après, se trouvent des Conclusions formant le résumé des énoncés et des calculs sur lesquels ont déjà porté des rectifications, inutiles à reproduire.

Puis vient le dispositif de la délibération, dont la critique n'entre nullement dans le plan de la présente réfutation.)

---

trouvera bien au-delà de cinq millions. N'admettons pourtant que cette somme, comme formant le montant des dépenses de premier établissement pour la mise en œuvre du projet de M. Prunelle. — Maintenant, où prendre ce capital considérable, s'il n'existe pas dans le trésor communal? Il n'y a qu'un seul moyen de se le procurer : l'emprunt.

La ville de Lyon contracte donc, dans des conditions favorables, un emprunt de 5,000,000, que l'on supposera ici remboursable, par fractions, dans un espace de 20 ans. L'intérêt de cette somme sera de 4 1/2 0/0, et les divers remboursements à faire doivent équivaloir à une annuité moyenne de 2 1/2 p. 0/0, d'où résulte une charge annuelle égale à 7 p. 0/0 du chiffre de 5,000,000, soit la somme de 350,000 fr.

Ceci est la charge temporaire, c'est-à-dire, devant se borner à 20 ans, si aucune circonstance imprévue n'en recule le terme. Mais il y a une autre charge éternelle que voici :

Dépense annuelle de la force motrice, d'après la stricte consommation de houille des machines appartenant à la ville de Paris et leur fonctionnement d'un an, sous la surveillance de l'ingénieur en chef, directeur des eaux (sans addition d'aucune somme ponr des frais imprévus) . . . . 227,000 fr.

Réparations annuelles au château d'eau et usines, aux galeries d'infiltration construites en maçonnerie sans mortier, aux grandes conduites jumelles transmettant l'eau de l'usine à un point quelconque dans la ville, aux réservoirs, — au pont-aqueduc ou au canal de dérivation. . . 23,000

Traitements de divers employés à créer, à Lyon, pour

à reporter. . 250,000

Report. .	250,000
ce nouveau service, tant pour la distribution publique, que pour les fournitures, par voie d'abonnement, à des particuliers.	10,000
Réparation annuelle et renouvellement partiel, d'année en année, des tuyaux formant l'ensemble du réseau des conduites de distribution sous le sol des rues, 1 p. % du prix d'achat et de pose (chiffre évidemment insuffisant)	30,000
Frais annuels d'entretien de 400 bornes-fontaines, des fontaines monumentales, des bouches d'arrosage et autres appareils analogues (l'article correspondant à cet objet est inscrit au budjet communal de 1845, dans les termes et pour le chiffre suivant : *Entretien des pompes et fontaines dans l'intérieur de la ville et des pompes riveraines*, 6,500 fr.) — Trois fois autant que la dépense actuelle, bien que le nombre des fontaines doive être décuplé.	20,000
Montant de la dépense annuelle, indéfinie pour la quotité non moins que pour la durée, car il n'y a de porté ci-dessus que des frais inévitables, sans un seul chiffre pour des frais accidentels	310,000 f.
à quoi se trouvera jointe, pendant 20 années, la somme précédemment établie de	350,000
ce qui formera un total annuel de	660,000 f.

Et dans toutes les sommes ci-dessus inscrites, IL N'Y A PAS UN CENTIME POUR LES ÉGOUTS.

Comme il ne peut être question d'augmenter les droits d'octroi, il faudrait asseoir sur la population de la ville un impôt spécial capable de rapporter annuellement, au moins, cette somme de 660,000 fr.

qui risque infiniment plus d'être dépassée (et de beaucoup), que de n'être pas atteinte. Il résulte de documents officiels que la matière imposable, dans la Commune de Lyon, ne forme guère que 30,000 ménages; l'impôt spécial pour la réalisation du projet de M. Prunelle établirait donc pour chacun d'eux *moyennement* une charge annuelle de 22 francs. Sans doute elle n'est pas énorme, considérée dans son chiffre moyen; toutefois, on ne peut se dissimuler qu'elle serait lourde à des chefs de familles nombreuses, exposés à payer, pour leur cote-part, sensiblement plus que 22 francs par année.

Mais enfin, ces chefs de familles, et les autres ménages logés à Lyon, en payant l'*impôt*, cette fois bien réel, *de l'eau*, auront-ils au moins de l'eau? — Pas du tout. Ils la paieront, mais ils ne l'auront pas. Et s'ils veulent jouir de la quantité quotidienne dont M. Prunelle a prétendu les gratifier, c'est-à-dire, de 50 litres par jour et par tête, soit 200 litres par ménage, en moyenne, il faudra que, pour chacun d'eux, quelqu'un fasse ni plus ni moins que *onze voyages* du logis à la fontaine banale, avec deux seaux, pesant pleins 25 kilogrammes, et consacre une heure ou deux, chaque jour, à ce dur et humiliant office.

Voilà pourtant la conséquence inévitable, le résultat définitif du projet de M. Prunelle, qui, par une aberration, un renversement d'idées inqualifiables, a prétendu, dans le passage de son Rapport qui a donné lieu à la présente note, que si les eaux de source étaient distribuées à Lyon, sans aucune charge communale, et même avec l'éventualité de « la possession par la ville, dans l'avenir, des sources elles-mêmes et du matériel de distribution, *ce que la caisse de la ville ne paierait pas*, ON L'IMPOSERAIT *aux particuliers !* »

Mais, pourrait dire un citoyen à M. Prunelle, avec la Compagnie des eaux de source, une fois admise à les distribuer, je suis libre, et fais ce qui me plaît; si je ne lui demande rien, elle ne me demande rien non plus; et si je me décide à lui donner une vingtaine de francs, elle me donne tous les jours, une dixaine de seaux d'eau, qu'elle fai arriver chez moi; tandis qu'avec votre système, je n'ai pas le choix; il faut que je paye bon gré, mal gré, et en payant je ne reçois rien.

Il est vrai que ce citoyen, sous le régime créé par la réalisation des vues de M. Prunelle, pourrait jouir d'une fourniture dans son domicile, mais à la condition de payer un prix d'abonnement en sus de sa cote-part de l'impôt spécial établi pour l'eau sur tous les contribuables lyonnais; d'où résulte qu'il cumulerait l'impôt forcé et la rétribution volontaire. Evidemment c'est trop de moitié; et le nombre des habitants qui se mettraient dans ce cas serait infiniment petit. Il y a, d'ailleurs, pour que l'administration d'une ville ne réussisse pas à *installer* avec avantage un service de distribution d'eau à domicile, plusieurs motifs, également puissants.

Pour le succès grand et surtout *immédiat* d'une telle entreprise, il y a trois conditions : 1° que l'eau soit de qualité non seulement bonne, mais *incontestablement* bonne; 2° que les prix d'abonnement soient très-modiques et puissent, dans certains cas spéciaux, être élastiques; 3° que l'avance des frais de premier établissement de tuyaux et appareils particuliers (remboursable par annuités à de longs termes) soit faite à tous les habitants qui le désireront, et dont la plupart ne s'abonneraient pas sans cela.

De ces trois conditions, formant les éléments de succès de l'entreprise de la distribution des eaux de source, il en est deux qui ne se concilient pas avec les règles imposées à l'administration d'une ville comme Lyon. En effet, quand un tarif de prix aura été adopté, ce sera la loi générale, absolue; ce sera un niveau inflexible, qu'il ne sera possible de faire baisser d'aucune manière, et pour aucun motif; le chef de la cité lui-même n'en aurait pas le droit. Et pourtant, en beaucoup de cas, celui, entre autres, où il s'agirait d'abonner à la fois tous les locataires d'une maison considérable, afin de réaliser des économies dans les frais des appareils distributeurs de l'eau, il pourra y avoir lieu, il pourra y avoir convenance, à faire quelques concessions, quelques facilités à des familles, à des ménages, placés dans telle ou telle situation. Or, ce qu'une Compagnie en pareil cas devra faire et fera, l'administration d'une ville ne le pourrait pas.

Quant à la troisième condition, c'est-à-dire, l'avance des frais de premier établissement à faire, au gré des abonnés, remboursable à longs termes, il n'est pas besoin d'expliquer que pour une administration municipale, cela est impossible ; il suffit de le dire.

L'administration d'une ville, quelque habiles que soient les magistrats qui la composent, est donc impropre, par la nature même des choses à créer un service de distribution d'eau, qui produise des avantages pécuniaires, au moins avant un temps assez long (*). Pour une telle création, rien ne peut remplacer l'activité, l'intelligence et la liberté d'action de l'intérêt particulier, qui se trouve, au reste, dans la circonstance dont il s'agit, intimément lié à l'intérêt public, puisque les trois conditions de prompt succès, sont : la bonté *incontestable* de l'eau, la modicité de son prix, et toute facilité donnée à celui qui la consommera.

Que dans un avenir plus ou moins éloigné, et en vertu d'arrangements entre une ville et une compagnie, la première se trouve un jour substituée à la seconde, dans la possession d'un service qui sera alors général, universel, c'est là un cas tout différent, qui n'infirme nullement les observations précédentes, et dont il n'y a pas à s'occuper ici.

Toujours est-il que M. Prunelle a été on ne peut plus mal inspiré, quand il a soulevé, aussi maladroitement qu'il l'a fait, la question d'un *impôt pour l'eau* à distribuer à Lyon, question qu'il a fallu dès lors aborder ici, et dont l'examen aura eu du moins ce résultat utile, de

(*) La ville de Toulouse où certainement l'eau ne manque pas, et où pourtant les abonnements pour recevoir cette eau, manquent à peu près complètement, puisqu'ils ne produisent encore qu'une dixaine de mille frans à peine, fournit une preuve de cette vérité.

porter à la connaissance de beaucoup de personnes des détails et des renseignements vrais, sur une matière assez peu connue, et particulièment des documents d'un haut intérêt, maintenant acquis à la discussion, grâce aux recherches et aux travaux de M. Jules Teissier.

Ici se termine un pénible labeur.

L'absurde ne se suppose pas, dit-on : l'on n'eût donc jamais pu supposer toutes les absurdités, et bien pis encore! que renferme le rapport qui vient d'être remis *in extenso* sous les yeux du public, si la présente réfutation n'eût démontré par des faits, des textes et des chiffres exacts, que *la plupart des énoncés de ce rapport sont erronés* et que TOUTES SES BASES SONT FAUSSES.

Pour cela, il a fallu placer en regard des inexactitudes ou des erreurs, les rectifications qui pouvaient mettre les lecteurs en état de reconnaître, avec certitude :

Que M. Prunelle a changé, par suppression de chiffres, des résultats d'analyses (page 8);

Qu'il a *décuplé*, *centuplé*, et même plus que cela, le produit de certains puisards ou galeries, présentés comme types de son système de fourniture, et, chose inouïe! qu'il a donné, avec détails précis, le produit actuel d'un puisard qui n'existe pas (page 33 34, 35, 36);

Qu'il a allégué un fonctionnement continu pour des machines ne travaillant que par intervalle (page 71);

Qu'il a fait abstraction de textes officiels importants, qu'il ne pouvait ignorer (page 85);

Qu'il a ajouté purement et simplement un million de francs au devis d'un projet qu'il combattait (page 88);

Qu'il a présenté, dans un autre sens, un simple excédant de dépense pour le chiffre de la dépense entière (page 89).

Qu'il a fait parler suivant sa fantaisie un ingénieur mort (p. 25);

Qu'il a prêté à un ingénieur vivant des calculs faux et des énoncés monstrueux (page 92);

Qu'il a fait, lui-même, les calculs les plus erronés, et présenté à leur suite les résultats les plus inqualifiables (page 93 et suivantes);

Tout cela entremêlé d'une multitude d'erreurs plus ou moins graves ou légères sur tous les sujets possibles.

Encore une fois, l'absurde et, à plus forte raison, ce qui est plus que l'absurde, — de la part d'un homme dans la situation où était M. Prunelle, — ne se supposent pas; il a donc fallu en fournir la preuve.

Elle est fournie maintenant.

C'était l'unique but de ce travail.

TABLE.

Le rapport de M. Prunelle se divise en six chapitres.

Les erreurs scientifiques, hygiéniques, etc., sont principalement dans les premiers chapitres, tandis que les chiffres inexacts et les calculs faux se trouvent surtout dans les derniers.

P. S. Les notes par lesquelles les erreurs de M. Prunelle sont réfutées dans le présent imprimé, ayant été écrites, presque toutes, dans les mois qui ont suivi la présentation de son rapport, leur contenu et leur publication sont indépendants de toute circonstance se rattachant à un arrêté de M. le Préfet du Rhône, du 21 septembre 1846.

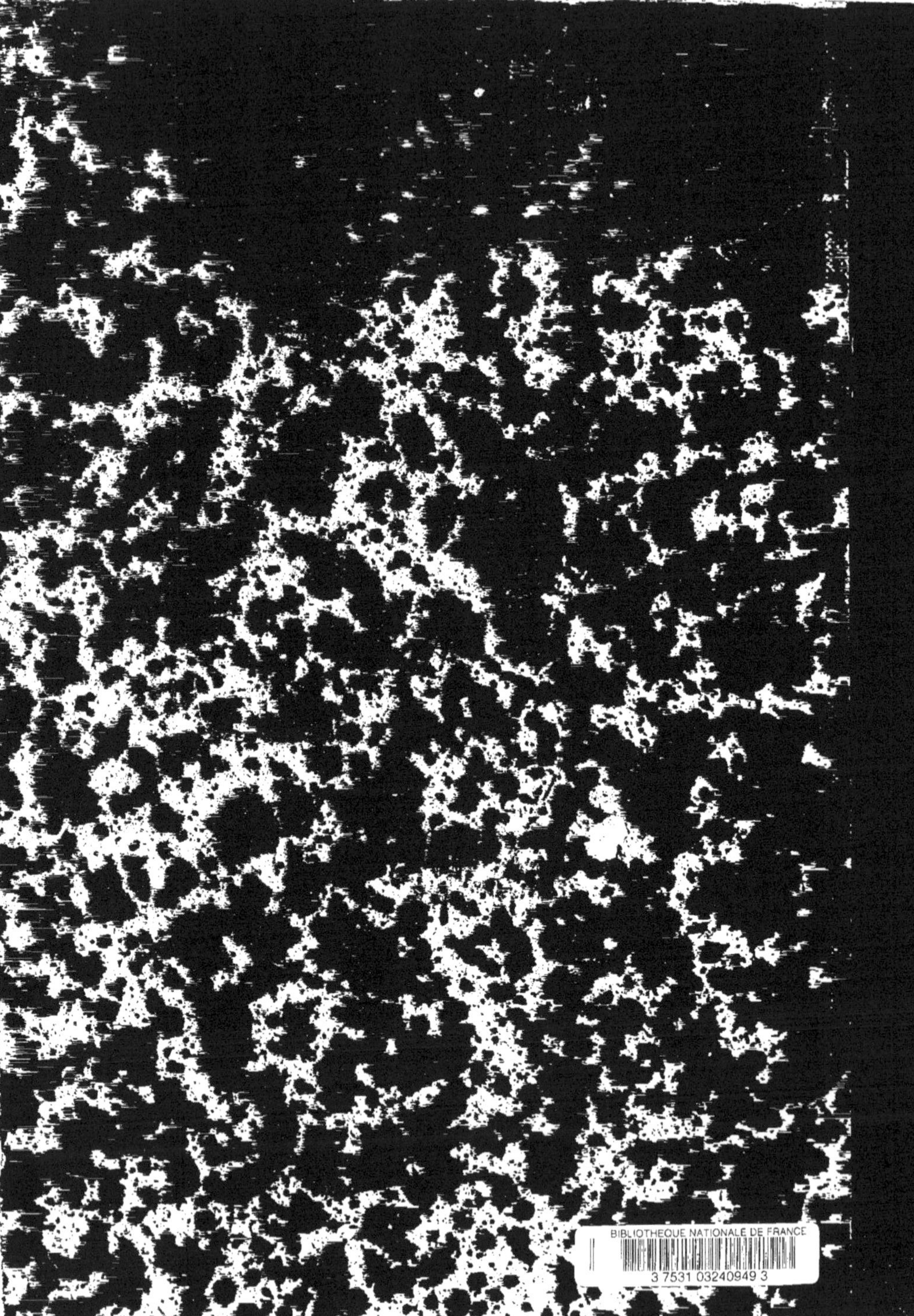

www.ingramcontent.com/pod-product-compliance
Ingram Content Group UK Ltd.
Pitfield, Milton Keynes, MK11 3LW, UK
UKHW020341230726
13925UKWH00003B/912

9 782013 690041